“1+X”证书制度电子装联职业技能系列丛书

电子装联职业技能等级证书教程

（初级）

戚国强　王　毅　陈　霞◎主　编

张卫华　周　杨　刘艳云　付华良　金　明◎副主编

刘春光◎主　审

中国铁道出版社有限公司
CHINA RAILWAY PUBLISHING HOUSE CO., LTD.

内容简介

本书基于电子装联生产工艺及其典型工作任务，以导入新品基板（PCB）组装任务为载体设计教材内容，着重讲解分析了装联准备、基板焊接、基板检修、基板装联四个制程的相关知识与技能，同时，教材吸纳了行业最新材料、最新工艺技术，对电子装联技术领域的技术人员从事相关工艺研究具有一定的参考价值。

本书可作为相关电子制造企业员工系统学习电子装联工艺技术的参考书，还可供开设电子信息类专业职业院校的教师、学生参考使用。

图书在版编目（CIP）数据

电子装联职业技能等级证书教程：初级/戚国强，王毅，陈霞主编. —北京：中国铁道出版社有限公司，2023. 1（2025.8 重印）

（“1+X”证书制度电子装联职业技能系列丛书）

ISBN 978-7-113-26985-2

Ⅰ. ①电… Ⅱ. ①戚… ②王… ③陈… Ⅲ. ①电子装联-生产工艺-职业技能-鉴定-教材 Ⅳ. ①TN305. 93

中国版本图书馆 CIP 数据核字（2020）第 107300 号

书　　名：电子装联职业技能等级证书教程（初级）
作　　者：戚国强　王　毅　陈　霞

策　　划：祁　云　　　**编辑部电话：**（010）63549458
责任编辑：祁　云　王占清
封面设计：尚明龙
责任校对：安海燕
责任印制：赵星辰

出版发行：中国铁道出版社有限公司（100054，北京市西城区右安门西街 8 号）
网　　址：https://www.tdpress.com/51eds
印　　刷：三河市宏盛印务有限公司
版　　次：2023 年 1 月第 1 版　2025 年 8 月第 2 次印刷
开　　本：787 mm×1 092 mm　1/16　**印张：**8.75　**字数：**214 千
书　　号：ISBN 978-7-113-26985-2
定　　价：26.00 元

“1+X”证书制度电子装联职业技能系列丛书

编审委员会

序

电子信息制造业是中国制造业的重要组成部分，具有战略性、基础性和先导性等特点。根据“十三五”以来的《中国电子信息制造业综合发展指数报告》数据显示，中国电子信息制造业稳步增长，创新性强。新一代信息技术、工业互联网和人工智能等新技术的应用，促使电子信息制造业创新发展，并在生产过程中使用更多新技术、新工艺、新材料和新设备。“制造业的生命在于质量，提高产品和服务质量是制造业转型升级的重点任务之一，质量基于生产，生产成于技艺”，无论是优化生产制造流程还是把控生产工艺质量，都需要高素质技术技能人才。

职业院校是培养高质量制造业技术技能人才的摇篮。国家职业教育改革方案的贯彻实施，“1+X”证书制度的落地，有力地吸引和推动了一大批有社会责任感的行业龙头企业和领军企业积极投入职业教育，有力地促进了产教融合，有利于产业链和教育链的对接，有利于产业发展，更有利于职业院校毕业生就业和个人发展。

电子装联是电子信息制造业的关键生产工艺，其水平直接影响到产品的功能和可靠性，决定着产品的质量。提高电子装联工作者整体工艺技术水平，是提高我国电子信息产品竞争力的关键因素之一。快克智能装备股份有限公司（以下简称“快克公司”）作为中国智能制造百强上市企业，耕耘电子装联近 30 年，目前已成为技术领先的高可靠精密焊接、3D 机器视觉、AI 深度学习、高速点胶、高精贴合、半导体封装检测制造和服务供应商。这是中国电子信息制造业高速发展的缩影。快克公司在不断夯实自身电子智造雄厚的技术优势和特长的前提下，为更好推动和支撑电子装联产品创新和技术创新，引领电子信息制造业向前发展，贯彻“职教二十条”，推动“1+X”证书制度落地，特申请“1+X”证书职业技能等级评价组织，开发一套精准对接电子信息制造业需求的“电子装联”职业技能等级证书标准，以更好服务电子装联领域专业学生学习新知识和新技术，为产业培养源源不断的技术新人。为提高培训学习效果，快克公司在江苏电子信息职业学院、中兴通讯职业技术学院等众多大专院校和行业骨干企业的支持下，精心编写了供电子装联职业技能等级标准“1+X”证书培训的系列丛书。丛书编写汇集了电子装联领域企业、大中专院校既有丰富理论又有实践经验的资深专家队伍，这批专家可以说是业界的翘楚，这无疑保证了这套教材的水准。

丛书含培训教材（初、中、高）和配套题库，共 6 册，适用于“1+X”三个层级职业技能等级证书培训。丛书基本覆盖了现代电子装联的新知识和新技术，体现了教材的系统性、实用性和创新性，不仅在理论技术上有一定的深度，更在新技术、新应用和新趋势方面有许多突破。丛书的内容可以说是集行业企业的核心技术之大成，现在与中国铁道出版社有限公司联合将此丛书公开出版发行。

快克公司响应国家号召，践行企业“同心同行共成长、创新责任守正直”的愿景和社会责任，致力于把电子装联新工艺技术推广至行业、融入相关职业教育的课堂和实训，使职业教育和学生及在岗的技术技能人才受益。这不仅顺应产业发展需要和职业教育需要，也将有利于中国电子信息制造行业的发展，对助力“中国智造”和“中国创造”能力提升具有深远的影响。

工业和信息化部教育与考试中心　马蔷

2022 年 8 月

前 言

为贯彻落实《国家职业教育改革实施方案》，积极推动“1+X”证书制度的实施，在全国电子焊接技术智能化发展引领者——快克智能装备股份有限公司主导下，联合江苏电子信息职业学院、中兴通讯职业技术学院、南京中电熊猫信息产业集团有限公司、立讯精密工业股份有限公司等专业院校和行业龙头企业，共同开发了电子装联职业技能等级证书。为配合电子装联职业技能等级证书的培训和考核，对标“电子装联职业技能等级标准”、“电子装联职业技能等级培训指导方案”和“电子装联职业技能等级考核方案”要求，编写了“‘1+X’证书制度电子装联职业技能系列丛书”。主教材分为初级、中级、高级，共3册。

本教材依据现代电子装联企业生产技术活动，全面分析电子装联职业岗位知识、能力和素质需求设置课程，注重将相关专业电子装联课程教学标准嵌入教材内容；将电子装联企业文化嵌入到教材之中。在教材编写内容的设计上充分体现工学结合，较好地解决了“培训与生产现场脱节”的问题。

本教材主要特色：将电子装联理论学习与实践经验相结合，从而加深对电子装联的认识；突出工学结合，强调电子装联学习的岗位性、职业性；融入电子装联企业文化和环境氛围；涉及电子装联职业有关的各种信息，拓展了知识面，扩大了眼界；强调责任心和自我判断能力。

本教材包含“装联准备、基板焊接、基板检修和基板装联”四个制程。每个制程分设若干个作业，每个作业下分设若干技能点，条理清晰，重点突出。采取校企教师、工程师结对形式编写，以确保教材的技术性、工程性和教学性。本书由戚国强、王毅、陈霞任主编，张卫华、周杨、刘艳云、付华良、金明任副主编，李朝林、冯超忠、查忠平、石洁、胡蓉、闻凤连、何春敏、章建伟、许新伟、孙冬、马文波、刘奇、马锋、宋朝晖、李东、杨彬参加编写，刘春光主审，全书由快克智能装备股份有限公司总经理戚国强与江苏电子信息职业学院李朝林老师统稿。

本教材在编写过程中，得到了中兴通讯职业技术学院邱华盛院长的大力支持，得到了南京表面贴装专业技术委员会主任魏子陵的鼎力协助，得到了电子制造行业高级工程师刘春光先生的全程指导，在此一并表示衷心感谢。

本教材推荐教学课时64学时。

由于时间仓促、编者水平有限，加之电子装联技术高速发展，书中疏漏和不当之处在所难免，敬请广大读者批评指正。我们将持续更新教材内容，更好地服务于行业高端技术技能人才培养。

编　者

2022年8月

目 录

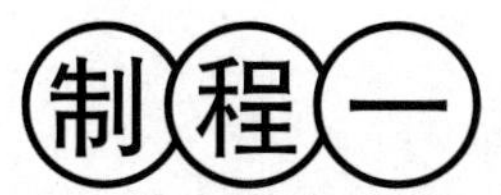

装联准备

“装联准备”制程是“1+X”电子装联职业技能等级标准（初级）第一个学习领域，该领域包含作业环境检测、车间静电防护、新品制程导入三个典型工作任务，重点学习生产现场如何做好整理、整顿、清扫、清洁、素养 5S 作业，做好人、机、料、法、环等相关生产活动的静电防护，在工程师指导下，导入新品基板（PCB）贴装制程。

任务 1　作业环境检测

任务目标

通过作业环境检测任务学习，会结合生产任务，对照生产作业标准，做好现场 5S 管理工作，做好车间温度、湿度等生产环境参数调测工作，执行车间生产安全标志管理。

任务描述

某公司有意委托某厂贴装一批产品，特派稽核人员实地考察某厂车间 5S、作业环境、安全防护等事宜，为此需对照相关作业标准，做好生产现场 5S 管理工作，检定生产车间温度、湿度等环境参数，检定车间生产安全标志。

任务分析

根据任务描述，分析如下：

现场 5S 作业分析：重点围绕电子装联作业区、检测返修作业区、物料及工装区等场所做好 5S 工作。

作业环境参数分析：重点对照装联相关作业标准，检查车间作业环境温度、湿度，以及锡膏、红胶、湿敏器件等物料保存温度。

车间安全标志分析：重点检查车间静电防护安全标志以及生产设备高电压、高热等安全标志。

任务导图

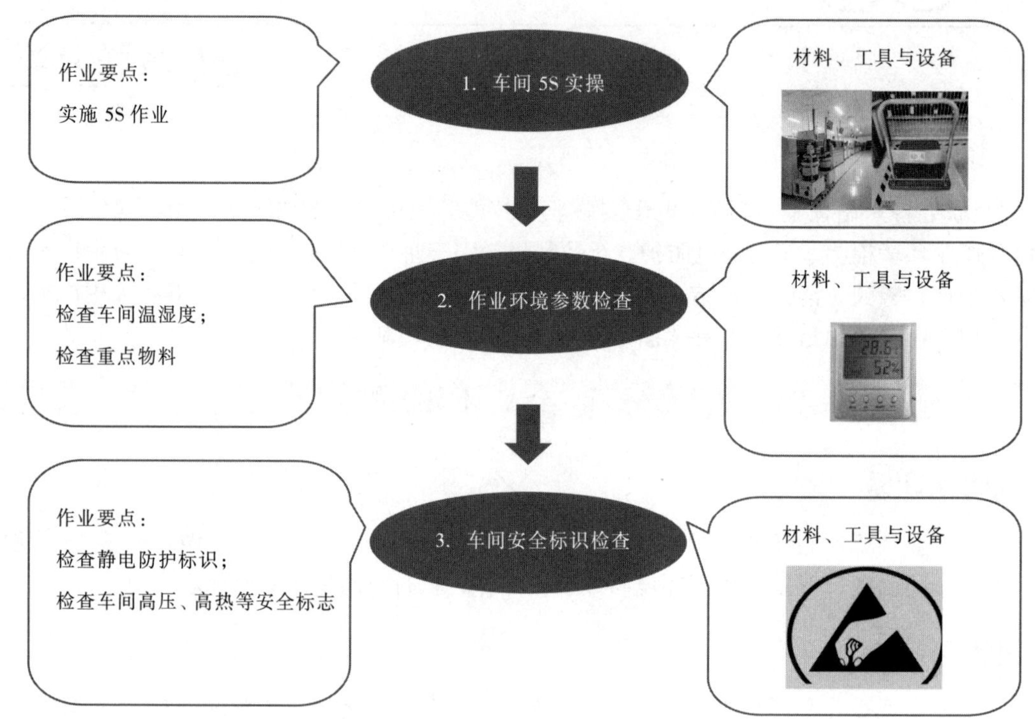

任务先通

匠心一点通

效率质量双高，奥秘就在 5S 到位。快克电装车间线长赵某，负责产线 5 年来，所贴装的产品直通率总是高于 98.6%，连续年夺得公司生产冠军称号。追寻其秘诀，赵某说，我哪里有什么妙招奥秘，如果有，只是每天都会将产线及周边工作环境整理得井井有条、干干净净，将物料、产品、工具摆放得整整齐齐，把每天使用的设备，当作自己的伙伴一样对待，日复一日，从不懈怠，生产工具、材料无差错，自然效率和品质都会得到有效提升。

安全一点通

5S 不到位，设备酿事故。2020 年 5 月 11 日，常州某公司 SMT 生产 1 线印刷机发出“咚、咚”的撞击声和机器报警声，幸好线长紧急赶到，关停设备。经查事故原因，源于维护员张某在维修锡膏印刷机时，违反 5S 作业标准，竟然把维修扳手遗忘在机台内，在未确认情况下，开动机器，导致印刷头撞击扳手，印刷丝杆变形，造成设备损坏，酿成生产安全事故。生产工具从哪里拿的，用完后放回哪里去，不经意的 5S 要求，却是安全的“保障符”。

质量一点通

静电失防，电装缺陷居高。2021 年 4 月 10 日，苏州某科技公司电装车间主管检查发现生产的一批产品，调试功能性故障率竟超出 30%，排查故障原因，均为一 IC 器件损坏。追溯前道生产，发现作业员夏某在补焊作业过程中，未佩戴防静电腕带，未打开工位上离子风机，导致补焊的 IC 器件产生静电击穿现象，故在产品功能联调时，故障率居高，直接导致公司经济损失 4 万余元，严重影响生产效率与产品品质，教训十分深刻，问题值得反思。

任务实施

电子装联的环境对生产过程至关重要。室内工作场地的环境主要是指室内的温度、湿度、亮度、洁净度和噪声等。在此任务中，主要学习车间的 5S 标准、作业环境参数检测及车间安全标志检查等三个作业内容。

扫一扫

5S 点检

作业 1　作业环境 5S 实操

5S 是一种现场管理法，是指在生产现场对人员、机器、物品、材料、方法等生产要素进行有效管理的一种办法。如图 1-1 所示，主要包括整理（Seiri）、整顿（Seiton）、清扫（Seiso）、清洁（Seiketsu）和素养（Shitsuke）5 个方面。

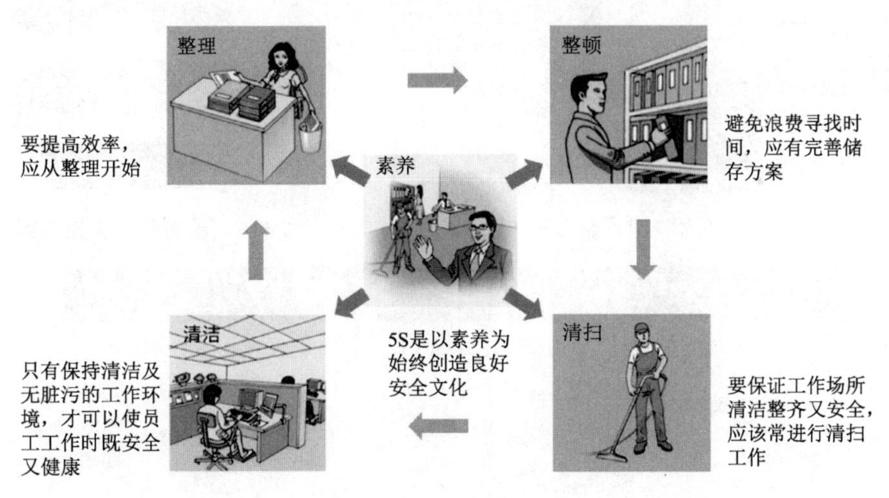

图 1-1　5S 示例

技能 1　现场整理

整理就是把不需要的物品搬离作业现场，如图 1-2 所示。具体要求，设立准则，规定什么物品是需要的，什么物品是不需要的，包括物品的使用次数、物品的使用时间以及物品的数量等；建立准则处理不需要的物品，包括报废、放回仓库或出售等。

整理作业实施步骤，如图 1-3 所示。

整理作业实施，要重点做好三方面的工作，一是制定需要或不需要物件的准则表，实例如图 1-4（a）所示；二是基于红色贴纸检查不需要物品，实例如图 1-4（b）所示；三是现场整理作业效果，以某公司的装接区为例，整理作业前后效果，如图 1-5（a）和图 1-5（b）所示。

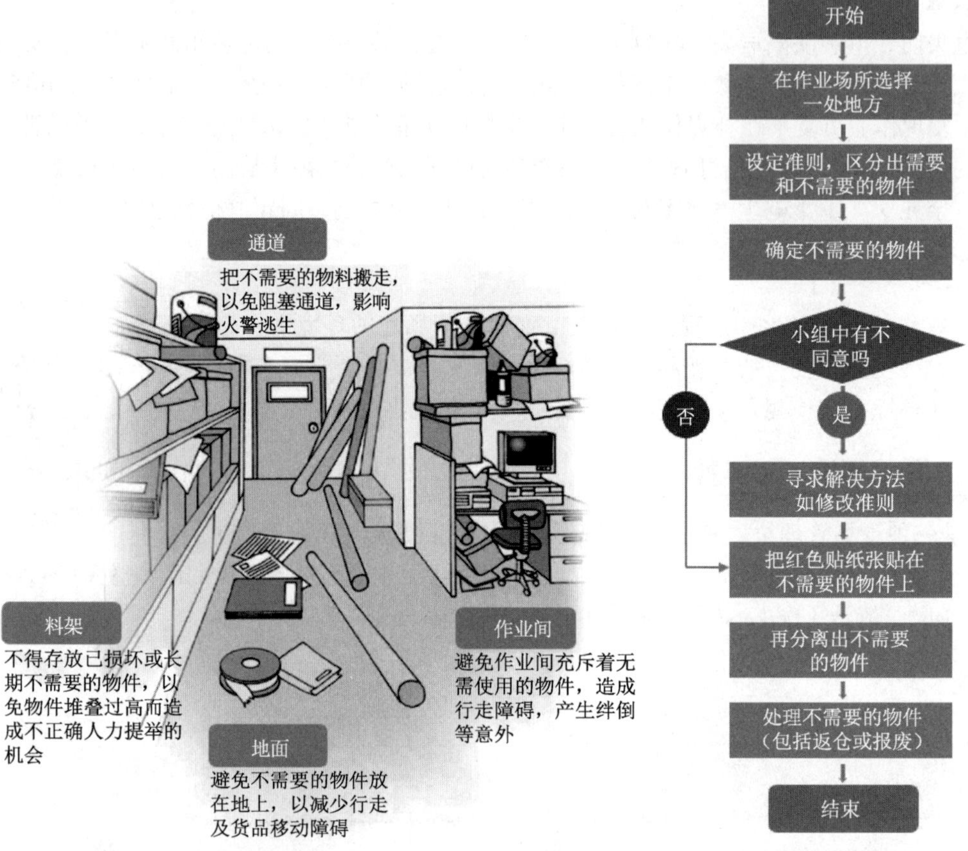

图 1-2　整理作业示例

图 1-3　整理作业实施步骤

×××公司区分需要或不需要物件的准则表		
物件需要程度	归类	处理方法
• 一年用不到一次的物品； • 六个月到一年大概只用一次的物品	很少使用	• 报废； • 丢弃或卖掉； • 放回仓库
• 两个月以上到半年大概只用一次的物品； • 一个月以内大概用一次以上的物品	偶尔使用	• 放回仓库； • 留在作业现场的附近地方
• 每周用一次的物品； • 每天用一次的物品； • 每小时都用的物品	经常使用	• 留在作业现场

（a）物件需要或不需要区分准则表

图 1-4　物件区分准则及红色标签示例

红色贴纸编号：001		
物件名称：证单		数量：75张
分类	☐原材料 ☐半制成品 ☐制成品 ☐机器/仪器	☐零件 ☐工具 ☐文件 ☐其他
不要原因	☐永远不需用 ☐现时不需用 ☐次货 ☐剩余物件	☐储存过量 ☐过时货品 ☐不清楚实际用途 ☐其他
处理不需要物件的方法	☐丢弃 ☐卖掉 ☐退回	☐放回仓库 ☐留在作业场所附近地方 ☐其他
张贴日期：××/××	执行日期：××/××	执行员：xxx

（b）不需要物件检查红色标签

图 1–4　物件区分准则及红色标签示例（续）

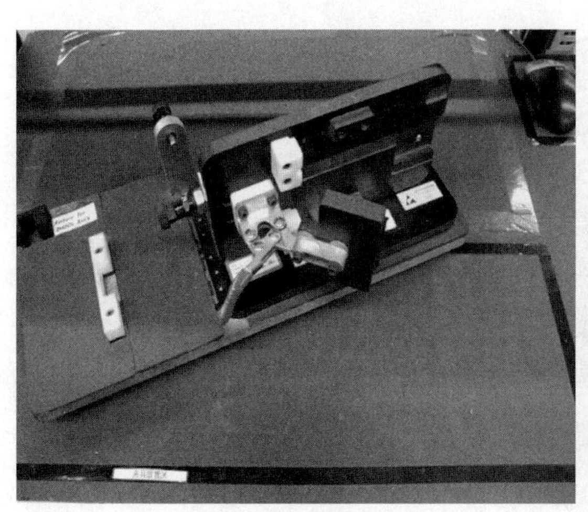

（a）整理前图片

（b）整理后图片

图 1–5　现场整理作业前后对照场景图

技能 2　现场整顿

整顿是将需要的物件按照规则定位摆放整齐，明确标示，如图 1–6 所示。具体要求，建立一套识别物件的系统，定义每项物件的标识名称以及应该存放的位置和数量；同时，以作业员能在最短的时间内方便找到和取得为原则定义如何摆放需要的物件。

图 1-6　整顿示例

整顿作业实施步骤，如图 1-7 所示。

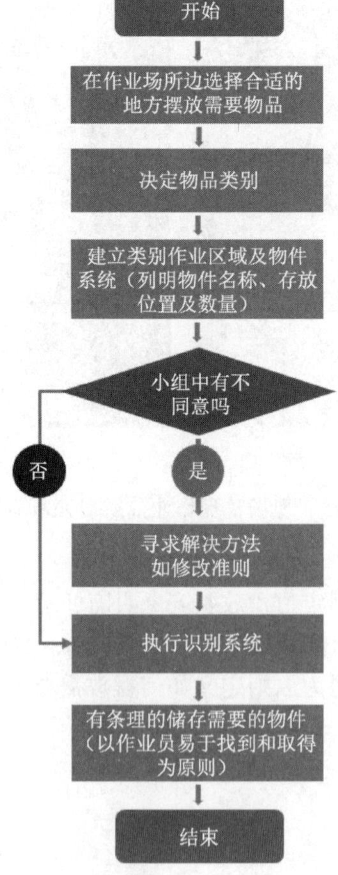

图 1-7　整顿作业实施步骤

整顿作业实施，必须做好两方面工作。第一，识别作业区域。包含制定区域识别系统表、指示牌、贴标志线等，如图 1–8 所示。

公司识别工作区域系统表		
辨别系统	划分区域	颜色
■ 地板颜色	■ 作业区域 ■ 通道 ■ 休息区域 □ 仓库	绿色 橘色及银色 蓝色 灰色
□ 指示牌	■ 办公室 ■ 生产线 □ 仓库	白色 绿色 灰色

（a）区域识别系统表

工作区域：办公室
区域编号：01

工作区域：仓库
区域编号：02

（b）作业区域指示牌

公司识别工作区域画线系统表			
划分区域线	线型	颜色	画线要点
□ 通道线	实线	黄色	■ 画直线 ■ 线要清楚 □ 减少角 ■ 转角避免直角
□ 出入口线	虚线	黄色	■ 划分出作业员能够出入的地方
□ 门开关线	虚线	黄色	□ 以关门是否触碰到经过者来考虑
□ 摆放原料、半品、制成品、机器及运输车的位置线	实线	白色	■ 可用不同颜色区分摆放制成品和不良品的位置
□ 行走及运输路径的方向线	箭头	黄色	■ 要决定靠右还是靠左通行
□ 区分需注意地方，例如台阶线、门槛线	斜纹或斑马线	黄黑色	■ 线要清晰 □ 可包括危险常放的地方

（c）作业区域标志线系统表

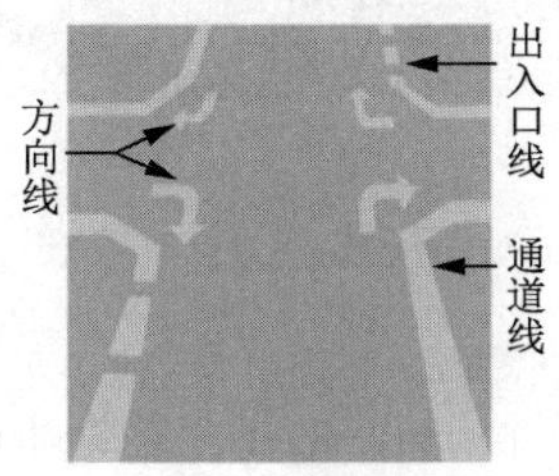

（d）作业区域标志线

（e）区分危险区域画线例

图 1–8　作业区域标志系统

第二，识别物件位置。包含制定物件识别系统表、指示牌、贴纸等，其中，贴纸，还包含区域贴纸、编号贴纸、数量贴纸等，如图 1–9 所示。

识别系统	标志类型	标志要点
识别物件存放位置	· 区域标志（指示牌） · 编号标志（贴纸） · 颜色标志（贴纸）	■ 区域标志可标明物件存放区域名称和编号； ■ 编号标志可标明物件存放的位置编号； ■ 颜色标志可显示物件存放位置是否整齐； ■ 编号标志可用英文数字（ABC）至左向右排序，以及用数字（自上向下排序）； ■ 颜色标志可在物件上画上颜色斜线
识别存放物件名称	· 名称标志（贴纸） · 编号标志（贴纸）	■ 名称标志可标明存放物品的名称； ■ 编号标志可用数字标明存放的物件是什么
识别存放物件数量	· 颜色标志（贴纸）	■ 颜色标志可借最多和最少物件存储量的标记来显示物件的数量

（a）物件识别系统表例

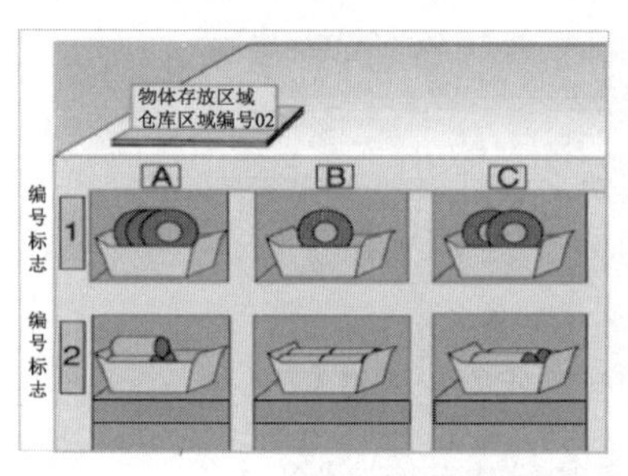

（b）位置编号标志贴纸图例

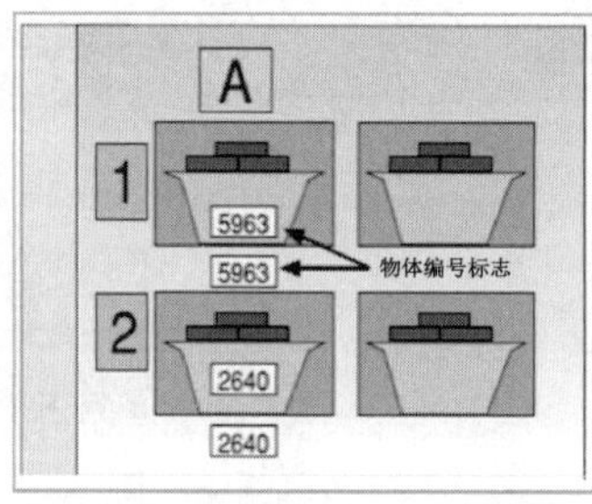

（c）名称编号标志贴纸图例

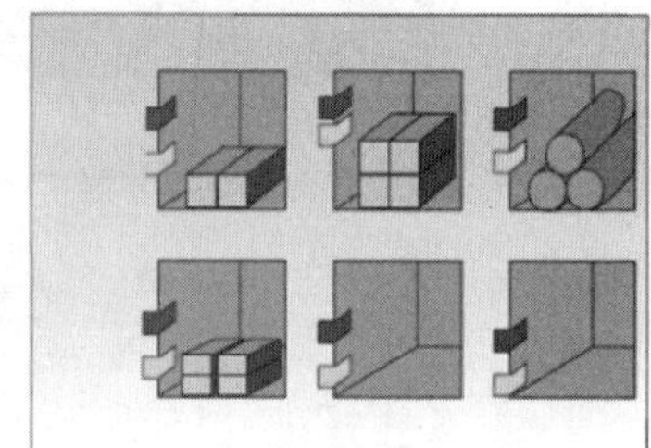

（d）存放数量颜色标志贴纸图例

图 1-9　识别物件位置标志系统

现场整顿作业效果，以某公司的检修现场为例，现场整顿作业前后对照场景，如图 1-10（a）和图 1-10（b）所示。

（a）整顿前

（b）整顿后

图 1-10　现场整顿作业前后对照场景

技能 3　现场清扫

清扫是指清除工作区域内的脏污，并防止污染的发生，其目的不只是把作业场所打扫得整齐清洁，同时在清扫时检查各项设施、工具、机器工作状态是否正常，其原理，如图 1-11 所示。具体要求：第一，确定每位作业员应负责清扫的范围；第二，让作业员懂得如何清扫其工作区域，使用相关的工具及设施；第三，员工懂得清扫时，各项设施、工具正常工作状态的标准及其检查方法。

清扫作业实施步骤，如图 1-12 所示。

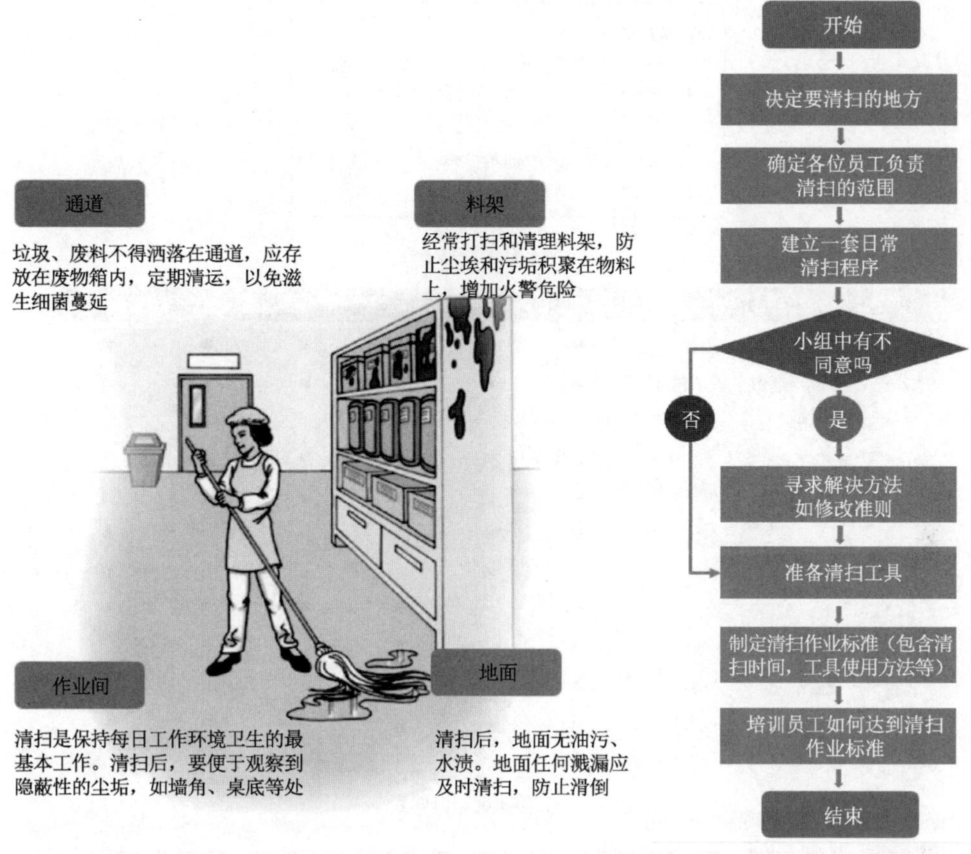

图 1–11　清扫示例　　　图 1–12　清扫作业实施步骤

清扫作业实施，重要的是做好四方面工作。第一，确定员工负责的位置范围，具体事例如图 1–13（a）所示。第二，制定清扫守则，具体事例如图 1–13（b）所示。第三，确定清扫时间，具体事例如图 1–13（c）所示。第四，制定清扫时检查问题对策表，具体事例如图 1–13（d）所示。

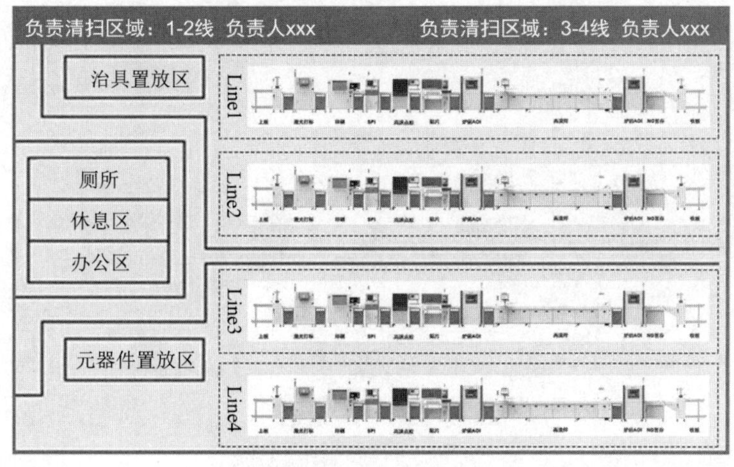

（a）确定员工负责清扫范围

图 1–13　清扫作业事例

公司清扫守则

1. 清扫垃圾及隐蔽性的尘垢，例如墙角、桌底。
2. 擦拭墙壁、窗户、门板等灰尘、污垢。
3. 彻底清除垃圾、碎屑、油污、锈迹、废料等污染物。
4. 要使所清扫的表面恢复到原来状态。
5. 全体员工养成清扫习惯。

（b）制定员工清扫守则

清扫区域	清扫位置	负责人	星期一	星期二	星期三	星期四	星期五	星期六
办公室	工作柜	工作人员	■	■	■	■	■	■
	地板、通道	清洁工	■	■	■	■	■	■
	空调系统	清洁工	■					
车间	工作柜	工作人员	■	■	■	■	■	■
	机械设备表面	作业员	■	■	■	■	■	■
	工具	作业员	■	■	■	■	■	■
	地板、通道	清洁工	■	■	■	■	■	■
	门、墙、窗	清洁工	■	■	■	■	■	■
	机械设备内部	作业员	■		■		■	
	抽气系统	清洁工	■					
厕所	地板	清洁工	■	■	■	■	■	■
	门、墙、窗	清洁工	■			■		

（c）制定员工清扫时间表

清扫问题	原因		对策	
□ 垃圾 ■ 污物	■ 灰尘	□ 铁锈	■ 清扫	
	■ 尘埃	□ 纸屑		
	■ 污垢	□ 粉尘		
	□ 垃圾	□ 其他污染		
■ 油渍	■ 漏油	□ 错误油品	□ 加油	□ 清扫
	□ 油污	□ 油量不足	□ 换新油	■ 修理
□ 温度 ■ 压力	□ 超高温度	■ 超压	■ 修理	
	□ 温度不足	□ 压力不足		
■ 松脱	□ 螺栓松脱	■ 轮带松脱	□ 锁紧	□ 修理
	□ 螺帽松脱		■ 更换	
■ 破损	□ 管道弯曲	□ 玻璃破损	■ 更换 □ 修理	
	■ 管道破损	□ 线材扭曲		
	□ 开关破损	□ 回转处卡住		

（d）制定员工清扫问题对策表

图 1–13　清扫作业事例（续）

现场清扫作业效果，以某公司设备清扫作业为例，现场清扫作业前后对照场景，如图 1–14（a）和图 1–14（b）所示。

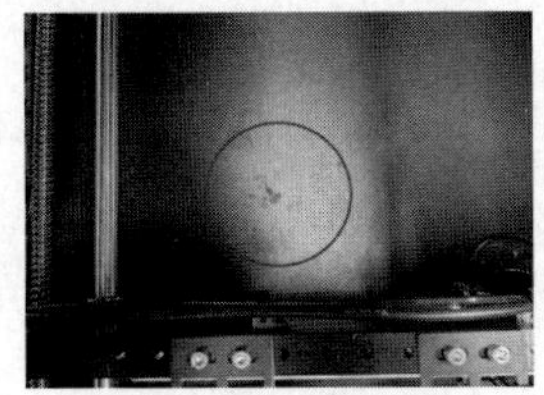
（a）清扫前

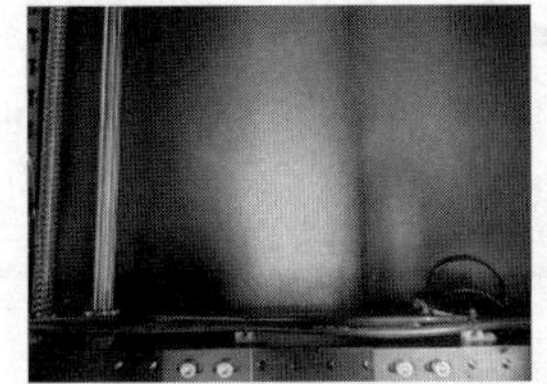
（b）清扫后

图 1–14　再流焊炉清扫作业前后对照场景

技能 4　现场清洁

清洁，是指干净无污迹。要确保作业场所清洁，就需要持续保持“整理、整顿和清扫”等活动，这就要求：第一，使用识别系统，张贴合适标签和使用透明盖子等目视工具，以增加作业场所的透明度；第二，找出任何影响作业环境的安全健康问题，并加以改善，其中包括处理油烟、粉尘、噪声等问题；第三，把每一项作业场所的整理工作标准化、制度化，维持其成果，如图 1–15 所示。

清洁作业实施步骤，如图 1–16 所示。

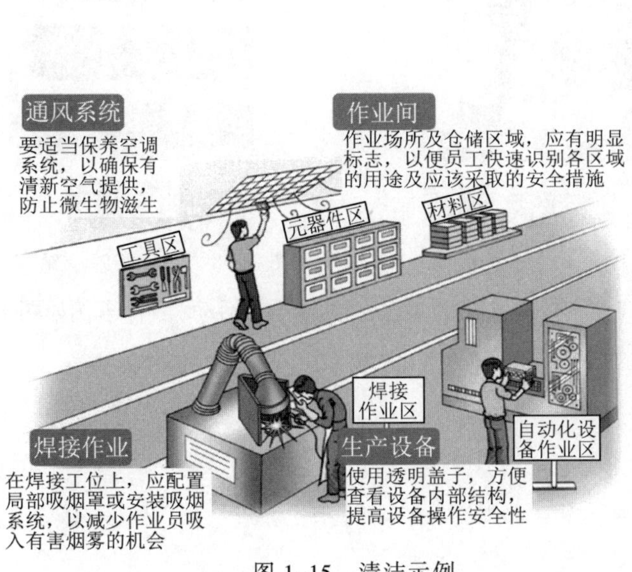

图 1–15　清洁示例

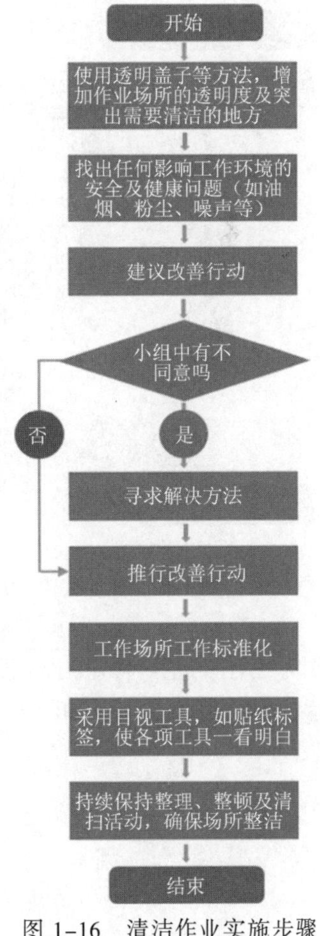

图 1–16　清洁作业实施步骤

清洁作业实施，重要的是做好两方面工作。第一，查找工作场所影响安全及健康的问题点；第二，制作合适的标签，并张贴于重点工作场所，让员工清楚地知道作业方法。

技能 5 提升素养

素养，是指员工要遵守工作标准行事，把每一项工作培养成习惯去执行，创造一个具有良好安全习惯的工作场所，如图 1–17 所示。这包括，一是让每位员工按工作程序安全作业以及执行每一项法规；二是让每位员工亲身体会实施 5S 所带来的改善和好处，从而养成自发性的 5S 改善行动。

素养实施步骤，如图 1–18 所示。

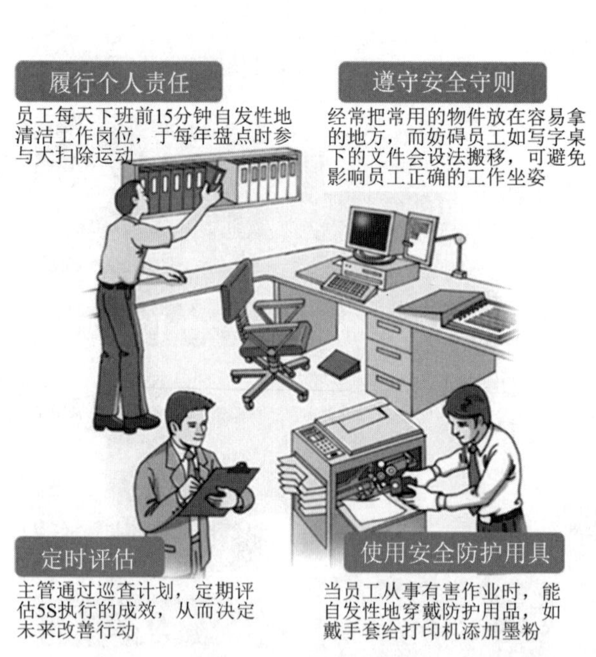

图 1–17 素养示例

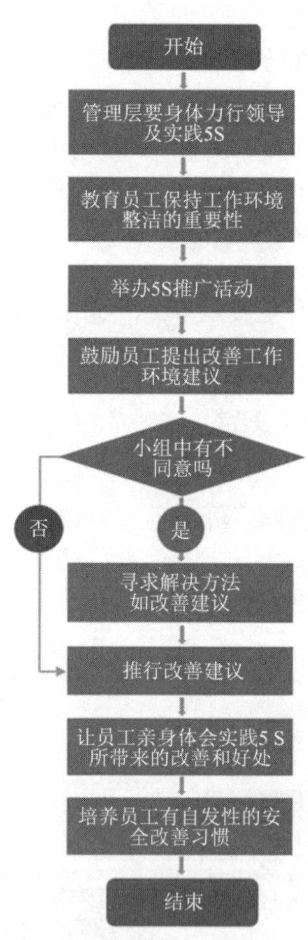

图 1–18 素养实施步骤

为更好推进 5S 作业，提升员工素养，这就需要定期举办 5S 推广活动，具体事例如图 1–19（a）所示；制定 5S 宣传工具如图 1–19（b）所示。

推广活动	内容	次数	目的
5S奖励计划	颁发奖项给有贡献的员工	2次/年	■ 肯定有贡献的员工 ■ 鼓励全体员工参与
5S月	整个月加强5S活动检查，评估其成绩	2~4次/年	■ 深化员工推行5S的决心 ■ 强调改善工作环境的重要性
5S考察团	考察推行5S的单位	1~2次/年	■ 参考成功案例 ■ 借鉴卓越表现
5S比赛	举办5S口号设计比赛、5S审核比赛	1~2次/年	■ 提高士气 ■ 鼓励全部员工参与
5S讲座	邀请5S专家讲授专题讲座	2~3次/年	■ 知悉最新5S的发展和推行情况

（a）推广 5S 活动事例

推广活动	内容	次数	目的
5S口号	5S口号可印在横幅、海报、月历牌等地方	持续	·唤醒员工推行5S的意识
5S襟章	把5S标志刻在襟章上	持续	·让员工知道公司正在推行5S ·发挥团队精神
5S海报	把5S的主旨贴出来	持续	·深化员工对5S的认知和推行
5S贴纸	把推行5S的方法张贴出来	持续	·帮助员工践行5S
5S推广	报道5S推进效果及进度	出版1期/2个月	·把推行5S的情况，让所有员工知 ·员工对5S的关心
5S行动计划表	列明推行5S的时间表和负责人	持续	·提醒员工推行5S的时间和员工负责的范围

（b）推广 5S 宣传工具事例

图 1-19　推广 5S 事例

技能 6　5S 实施

以生产车间为例，如图 1-20 所示，从整理、整顿、清扫入手，形成一个清洁的作业环境，养成主动改善 5S 的自觉行动，拥有安全、高效、良好的作业场所。

图 1-20　车间 5S 推行实例

生产车间实施 5S 具体工作要求，举例如下：

整理工作。一是应将碎铁杂物及夹杂易燃液体的废布分别放于指定的收集地方以便处理及报废；二是把不需要的物品搬走，以免阻塞救火设备的通行。

整顿工作。一是不应随意把电线横置于通道上，以免绊倒行人或拉翻机器；二是易燃物品需存储于适当的密闭容器内，而该容器又需置放在金属制成的柜或箱内，以降低滴漏时发生火灾危险；气瓶必须稳固的垂直放置，并远离高温作业场所。

清扫工作。一是机器产生油渍的部分应定期清理，以确保工作区域清洁；二是锋利的铁丝或损坏品应即时清扫，避免造成伤害。

清洁工作。一是要及时修理松脱的电线护盖，尽量使用透明盖子，方便查验；二是所有残破的配电箱应由电工及时修理，锁好电闸门，并加上警示牌。

素养工作。一是养成保养维修时不带电的习惯；二是养成不在车间内抽烟的习惯，避免发生火灾危险。

5S 标准是对生产现场有效管理的准则。能够有效保证产品的生产质量，节约生产成本，提高工作能效。根据 5S 的内容要求，不同的生产车间的不同岗位都需要制定相关的 5S 稽核表，以某车间的物料仓储区为例，其稽核内容见表 1-1，物料区需要仓库管理员将物料有序摆放，区域清洁无杂物等。

表 1-1　物料区 5S 稽核表

<table>
<tr><td colspan="5">责任区域/责任人：　　　　　　　　检查日期：　　　　年　　月　　日</td></tr>
<tr><td colspan="5">适应的责任区域/责任人：×××</td></tr>
<tr><td colspan="2">检查内容</td><td>配分</td><td>得分</td><td>缺点事项</td></tr>
<tr><td rowspan="3">整理</td><td>工作区域是否有与工作无关的东西</td><td>6</td><td></td><td></td></tr>
<tr><td>物料不直接放置于地面，摆放是否整齐有序</td><td>6</td><td></td><td></td></tr>
<tr><td>消防器材位置设置合理，有放置警示线，线内无障碍物</td><td>8</td><td></td><td></td></tr>
<tr><td rowspan="4">整顿</td><td>物料是否依规定放置</td><td>5</td><td></td><td></td></tr>
<tr><td>消防器材摆放位置明显，标识清楚醒目</td><td>5</td><td></td><td></td></tr>
<tr><td>货物应保持同类相靠放原则；外观相似不易分辨物料不能混放一起，且有明显区分隔离标识</td><td>5</td><td></td><td></td></tr>
<tr><td>零件及物料无散落地面，不允许有料压料现象</td><td>5</td><td></td><td></td></tr>
<tr><td rowspan="2">清扫</td><td>工作区域是否整洁，是否有尘垢</td><td>10</td><td></td><td></td></tr>
<tr><td>地面垃圾有无清扫干净</td><td>10</td><td></td><td></td></tr>
<tr><td rowspan="2">清洁</td><td>整个仓库规划是否合理、顺畅、整洁</td><td>10</td><td></td><td></td></tr>
<tr><td>仓库储位标志是否清晰</td><td>10</td><td></td><td></td></tr>
<tr><td rowspan="4">素养</td><td>员工上班精神饱满，待人接物是否热情大方</td><td>5</td><td></td><td></td></tr>
<tr><td>员工是否有随地吐痰及乱扔垃圾等不良现象</td><td>5</td><td></td><td></td></tr>
<tr><td>仓库是否安静</td><td>5</td><td></td><td></td></tr>
<tr><td>员工有无遵照标准及规定作业</td><td>5</td><td></td><td></td></tr>
<tr><td>合计</td><td>满分</td><td>100</td><td></td><td></td></tr>
<tr><td>评语</td><td colspan="4"></td></tr>
<tr><td colspan="5">注：80 分以上为合格，不足之处自行改善；60～80 分须向检查小组作书面改善报告；60 分以下，除向检查小组作书面改善报告外，还将全厂通报批评</td></tr>
</table>

作业 2 作业环境参数检查

电子装联生产线是集光、机、电、气一体化的高精度设备，为保证设备安全使用、生产持续高效和人员生产操作舒适安全，其对作业环境温度、湿度等参数有标准的要求，因此，必须进行作业环境参数检查。

扫一扫

环境检测

技能 1 环境物理参数检查

1. 温湿度检查

电子装联车间温度是综合人体感觉舒适温度和机器设备工作极限温度而设定的。人体通常感觉最舒适的温度符合黄金分割原理，即为人体正常体温的 0.618 倍（37×0.618≈23）。综合考虑节能等因素，根据 IPC/JEDEC J—STD—001 和 GB 50073—2013 标准，车间内温度设定最佳范围为（23±5）℃。这个温度范围内，操作者通常不会出汗。人的手汗中含有多种无机盐和有机酸成分，手汗很容易与金属的镀层发生腐蚀反应，从而降低镀层的可焊性。电子装联车间设备工作温度应保持在 18 ℃以上，最高工作温度应在28 ℃以下，否则，机器设备就不能正常开机工作。

电子装联车间湿度设定，应兼顾人体感受和霉菌、细菌的繁殖条件以及元器件对湿度的敏感性。元器件对湿度较敏感，环境湿度的降低，可以防止焊接中因吸潮导致的爆米花现象，但湿度低的干燥环境中，又易发生静电损坏，高的环境湿度可减少静电影响。这种完全相反的要求，在工业生产中只能采取折中的方法处理，结合 IPC/JEDEC J—STD—001 和 GB 50073—2013 标准，通常车间湿度范围应设定在（50%±20%）RH。为保证车间生产具有稳定的温湿度，每天应定时检测车间的温度和湿度。

车间温湿度检测所用仪器多采用温湿度一体检测仪，如 PTH-A16 型精密温湿度巡检仪是一款常用的电子指针式干湿球温湿度计，该仪器采用 Pt 100 铂电阻做测温传感器，保证了测量温度的准确性和稳定性。同时，采用通风干湿球法测量相对湿度，避免风速对湿度测量的影响。测量时，温湿度计通常放置在设备最密集的区域，以便能采集到温湿度适时变化。温湿度检查应每天进行，通常每天检查四次，分四个时间段，分别为 7:00—12:00、12:00—19:00、19:00—2:00、2:00—7:00。检查应做好检查记录，见表 1-2，记录周期设定为 7 天，保存期至少为 1 年。根据温湿度检测结果及时调整车间内空调系统的开关、湿度控制系统（加湿机，加湿器）开关。

有两个问题值得注意，一是再流焊炉的抽风口必须每月清理 1 次，以防止污物积累过多；二是节假日，须关闭空调系统的吹风口开关，但不能关闭空调系统的抽风口开关，以防机器内壁结露。

表 1-2 温湿度月度检查表

年份_____ 月份____

时段 \ 日期		1	2	3	4	5	…	28	29	30	31
7:00—12:00	温度										
	湿度										
12:00—19:00	温度										
	湿度										

续表

年份_____ 月份_____												
时段 \ 日期		1	2	3	4	5	…	28	29	30	31
19:00—2:00	温度										
	湿度										
2:00—7:00	温度										
	湿度										

2. 洁净度检查

一般而言电子装联车间尘埃过多，对于 0201、01005 微小元件以及细节距（0.3 mm）IC 器件的贴装和焊接会产生质量影响，同时会加大设备磨损率，容易出现设备故障。因此车间必需保持清洁卫生，无尘埃，保证设备的正常运转、产品的焊接质量以及人体健康。按照美国联邦标准 FED—STD—209 E 标准要求，电子装联车间洁净度最低标准为 10 万级。10 万级洁净度是指悬浮在每立方英尺空气内，大于等于 0.5 μm 的微粒个数不应超过 10 万个。

洁净车间洁净度检测使用尘埃粒子计数器，常见类型有净化工程光散射粒子计数器、凝结核粒子计数器、电子显微镜和光学显微镜，但目前用得最多的是光散射粒子计数器。洁净车间洁净度的检测步骤主要分为四步：

第一步，确认测试位置与测试点数。

第二步，拟定取样时间。每点的取样时间依照等级与粒径不同而变化，若是取样时间小于 1 min，则应以 1 min 为准。

第三步，测试位置应均匀分布在洁净车间内，避免在产生大量粒子的附近，测试仪器应用架台支撑，不可以用手支撑。

第四步，测量出的点数用公式计量。

洁净车间洁净度的验收标准分两个方面：第一，每点的微粒测量平均值应低于规定值；第二，任一隔间若需使用分析，则该分析值也应小于规定值。

3. 气压检查

对于电子装联车间中对洁净度要求高的空间，为了防止外界污染侵入，需要保持内部的压力（静压）高于外部的压力（静压）。压力差的维持依靠新风量，这个新风量要能补偿在这一压力差下从缝隙漏泄掉的风量。因此电子装联车间多建成封闭式的厂房，或工作区域与外界通过两道门隔开，两道门之间，至少应有直线距离 2.5 m、空气静止不流通的空间。

4. 照明检查

电子装联车间照明光线应柔和不刺眼，光强度不低于 1 077 lx（流明）。对维修、补焊等焊接类工作站，不需要使用到眼睛目视作业的，灯光要求不低于 600 lx（流明）；对目检、手贴等目检类工作站，需要使用到眼睛来目视作业，灯光要求不低于 800 lx（流明）。低照明度时，在检验、返修、测量等工作区域可安装局部照明，增强光照强度，适应生产要求。

车间内一般采用光照度传感器对光照度进行监测。光照度传感器，如图 1–21 所示，是一种专用于检测光照强度的仪器。

5. 噪声检查

当噪声大于 50 dB，就会对人们的睡眠或日常休息造成影响；当噪声达到 70 ~ 90 dB 的强度时，人们就会产生烦躁情绪，对人们的工作和学习造成不良影响；当噪声达到 90 ~ 110 dB 时，则被称为强噪声，会使人们感到强烈不适，如果人们长时间受到强噪声影响，会对人们的听觉系统产生危害，甚至可能会对人们的身体健康造成不良影响。因此，生产车间保持一个安静的环境，有利于生产效率和品质提升。电子装联车间噪声应控制在 60 dB 范围内。车间噪声多因设备运转时存在不平衡，机械主轴同心度偏差、各零部件之间尺寸偏差或表面缺陷而相互撞击、摩擦产生的交变机械作用力使设备金属板、轴承、齿轮或其他运动部位发生振动而产生噪声。所以电子装联车间设备安装时，底脚应坚固，不产生移位，保持设备运转在水平状态。测量噪声大小用噪声分析仪，又称噪声计（声级计），是噪声测量中最基本的仪器。噪声计一般由电容式传声器、前置放大器、噪声计图片衰减器、放大器、频率计网络以及有效值指示表头等组成。

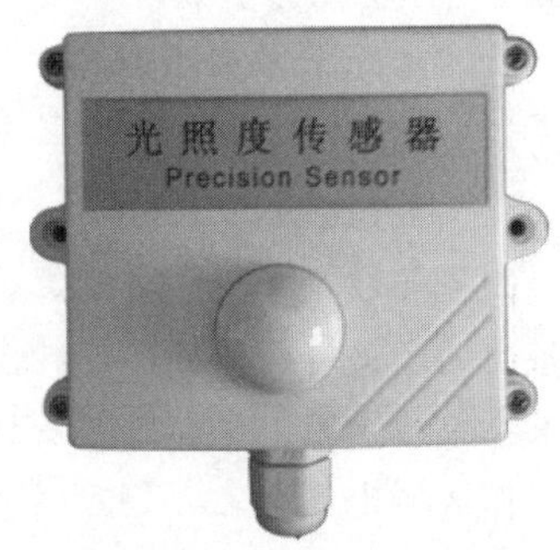

图 1–21　光照度传感器

6. 排风检查

再流焊和波峰焊等设备都有排风要求，应根据设备要求配置排风机。热风再流焊炉排气压力一般要求 0.8 MPa，排风管道的最低流量值为 14.15 m^3/min。通常在再流焊炉、波峰焊炉排风口处，通过软管，连接排风电机，吸取炉膛内挥发出的助焊剂气体，车间内外排风装置如图 1–22 所示。

（a）车间外排风装置

（b）车间内排风装置

图 1–22　再流焊炉排风装置示例

手工焊接工位，通常在工位上方安装焊锡烟雾排烟装置，如图 1–23 所示。

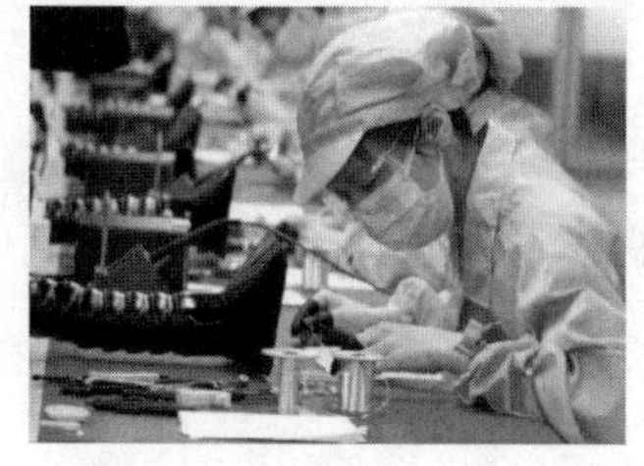
（a）焊锡烟雾吸收装置

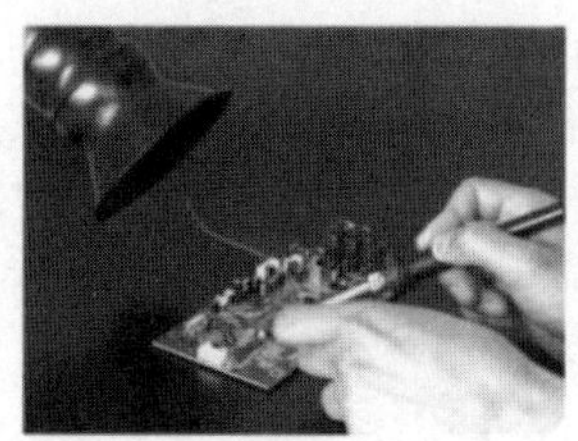
（b）烟雾吸收原理图

图 1–23　焊锡烟雾吸收装置与原理

技能 2　环境动力参数检查

电子装联生产车间现场配备的动力源包括电源和气源。电子装联设备对气源、电源要求较供给量应充裕而安全。

1. 电源检查

电子装联设备，如再流焊炉、选择性波峰焊炉、贴片机均是大功率设备，要充分考虑这些设备启动、关机所造成的电冲击，同时，电力配置系统应采用三相五线制是最为安全的。一般要求：单相 AC 220 V ×（1 ± 10%）V、频率 50 Hz，三相 AC 380 V，并要求良好接地。当设备工作区域电压非常不稳定，或者进口设备工作电压、频率与供电电源不一致时，需要通过配置交流稳压器，其功率要大于设备额定功率一倍以上，否则设备或电气元件容易因电源的波动而损坏。例如，贴片机额定功率 5 kW，则应配置 10 kW 以上的稳压电源。

2. 气源检查

电子装联设备要求使用清洁而干燥的压缩空气作为气源动力。气源要求能提供足够强压力的气源、干燥的气源、纯净无杂质的气源。目前，气源供给有一体化和分体式供气两种方式。但供气原理都是通过空压机提供气源压力、过滤器洁净空气、干燥机干燥空气。电子装联生产线少的车间，气源需求量小，通常选用一体化供气方式，即采用空压机、过滤器、干燥机结成一体，占地面积小。电子装联生产线多的车间，气源需求量大，通常配置专用的空压机房，采用压缩机、过滤器、干燥机分体式空压机，如图 1-24 所示。一般电子装联生产线要求气源压力在 0.7 ~ 0.8 MPa。供气管道通常采用不锈钢管或耐压塑料管，应避免使用铁管，防止生锈，锈渣进入管道和阀门，易产生堵塞，造成气路不畅，影响机器正常运行。

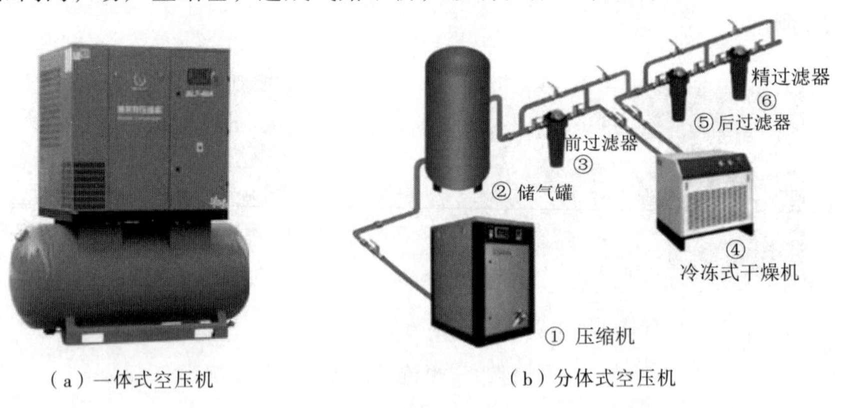

（a）一体式空压机　　（b）分体式空压机

图 1-24　一体式与分体式空压机示例

作业 3　作业安全标志检查

作业安全标志对于车间的管理有很重要的辅助作用，例如，利用不同的颜色区分不同的功能区，形成禁止、警告、指令和提示等特定的安全标志，对车间工作人员起到时刻提醒的功能。

技能 1　作业安全标志识读

安全标志是由安全色（安全色是用以表达警告、禁止、指令、提示等安全信息含义的颜色，具体规定为红、蓝、黄、绿四种颜色。其对比色是黑白两种颜色）、几何图形和图形符号所构成，用以表达特定的安全信息。这些标志分为禁止标志、警告标志、指令标志和提示标志四大类，对应的安全色分别是红色、黄色、蓝色、绿色。

根据《安全标志及其使用导则》(GB 2894—2008)，国家规定了四类传递安全信息的安全标志：禁止标志表示不准或制止人们的某种行为；警告标志使人们注意可能发生的危险；指令标志表示必须遵守，用来强制或者限制人们的行为；提示标志示意目标地点或方向。其示例如图 1–25 所示。

图 1–25　安全标志示例

技能 2　作业安全标志张贴

1. 安全标志牌的型号选用

标志牌的型号选用见表 1–3。

(1) 工地、工厂的入口处设 6 型或 7 型。

(2) 车间入口处、厂区内和工地内设 5 型或 6 型。

(3) 车间内设 4 型或 5 型。

(4) 局部信息标志牌设 1 型、2 型或 3 型。

无论厂区或车间内，所设标志牌其观察距离不能覆盖全厂或全车间面积时，应多设几个标志牌。

表 1-3　安全标志牌尺寸（单位：m）

型号	观察距离 L	圆形标志的外径	三角形标志的外边长	正方形标志的边长
1 型	$0 < L \leqslant 2.5$	0.070	0.088	0.063
2 型	$2.5 < L \leqslant 4.0$	0.110	0.142	0.100
3 型	$4.0 < L \leqslant 6.3$	0.175	0.220	0.160
4 型	$6.3 < L \leqslant 10.0$	0.280	0.350	0.250
5 型	$10.0 < L \leqslant 16.0$	0.450	0.560	0.400
6 型	$16.0 < L \leqslant 25.0$	0.700	0.880	0.630
7 型	$25.0 < L \leqslant 40.0$	1.110	1.400	1.000

2. 安全标志牌设置的高度

标志牌设置的高度，应尽量与人眼的视线高度相一致。悬挂式和柱式的环境信息标志牌的下缘距地面的高度不宜小于 2 m，局部信息标志的设置高度应视具体情况确定。

3. 安全标志牌的使用要求

(1) 标志牌应设在与安全有关的醒目地方，并使大家看见后，有足够的时间来注意它所表示的内容。环境信息标志宜设在有关场所的入口处和醒目处；局部信息标志应设在所涉及的相应危险地点或设备（部件）附近的醒目处。

（2）标志牌不应设在门、窗、架等可移动的物体上，以免标志牌随母体物体相应移动，影响认读。标志牌前不得放置妨碍认读的障碍物。

（3）标志牌的平面与视线夹角应接近 90°，观察者位于最大观察距离时，最小夹角大于等于 75°。

（4）标志牌应设置在明亮的环境中。

（5）多个标志牌在一起设置时，应按警告、禁止、指令、提示类型的顺序，先左后右、先上后下地排列。

（6）标志牌的固定方式分附着式、悬挂式和柱式三种。悬挂式和附着式的固定应稳固不倾斜，柱式的标志牌和支架应牢固地连接在一起。

（7）其他要求应符合 GB 2894—2008《安全标志及其使用导则》。

每半年至少检查一次，如发现有破损、变形、褪色等不符合要求时，各单位应及时修整或更换。

在修整或更换安全标志时应有临时的标志替换，以避免发生意外的伤害。

技能 3　作业安全标志改善

作为检查员进行现场物理环境、动力需求、现场 5S 情况及静电管理规范性稽核，指出不符合规范的项目并给出规范的要求。

对于颜色的标志是否符合标准，见表 1–4。

表 1-4　生产车间标志颜色含义

颜色标志	标志含义
红色	不良品、废品、闲置设备 消防器材、配电箱、化学危险品 限高线–需加限高说明 不可回收物品
黄色	行车道、人行过道、物料运输通道 工作台/车辆停放区/设备定位 门开闭线；工作区域、检验区域
蓝色	原材料/生产物料放置区域 工作台面物品定位（除不良品/废品） 半成品放置区/物品暂存区
绿色	急救用品/医药箱 可回收物品；合格品/成品放置区
黄黑相间	危险区域、静电防护区、危险操作提示

地面通道线、区域划分线要求，需要根据车间标准来改善，见表 1–5。

表 1-5　线型标准

类　别	线宽（mm）	作　用
A 类—黄色油漆实线	60	物品定位线
	80	设备区域线
	120	主通道线
B 类—黄色油漆虚线	60	大型工作区域内部画分线，允许穿越的通道线

续表

类　别	线宽（mm）	作　用
C 类—红色实线	60	不良品摆放区的画分线（碰到三面围墙处，第四面地面划一条红色实线）
D 类—黄色与黑色组成的斜纹斑马线（倾斜 45°）	50	危险品区域线、警示区域线，消防通道线

各类安全标志线条标准如图 1–26 所示。

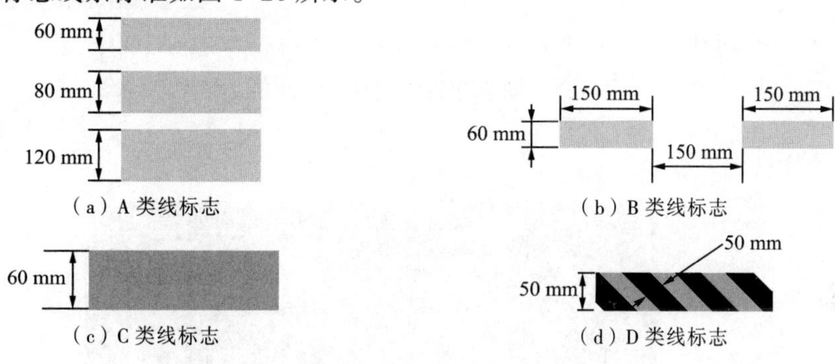

图 1–26　安全标志线条标准示例

对于定位线，同样有企业的标志标准，见表 1–6。

表 1-6　定位线标志标准

类别	作　用	要　求
A 类	设备的定位	所有设备与工作台的定位均用黄色四角定位线，工作台四角定位线的内空部分注明“××工作台/设备”字样
B 类	不良品区（废弃物的回收桶、箱、不良品放置架）定位	用红色线，如果定位范围小于 40 cm×40 cm，则直接采用封闭实线框定位
C 类	消防器材、油类、化学品等危险物品的定位	使用红白警告定位线
D 类	物料码放架与形状规则的常用物品、所有可以移动或容易移动的设备的定位	使用黄色四角定位线
E 类	消防栓、配电柜等禁放物品的开门区域处的定位	使用红白相间的斑马式填充线
F 类	移动式设备的定位（如液压叉车、电动叉车、物料周转车等）	使用黄线四周定位线，并标明起动方向

各类安全标志定位线标准，如图 1–27 所示。

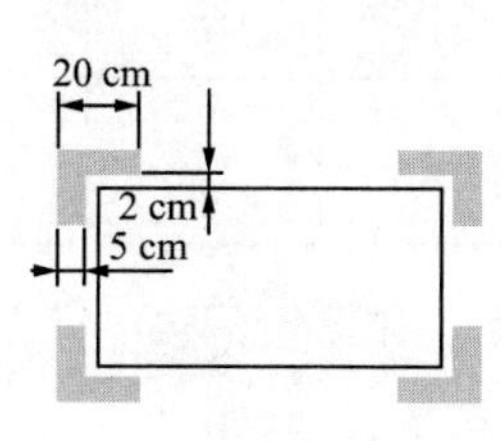

（a）A 类定位线标志

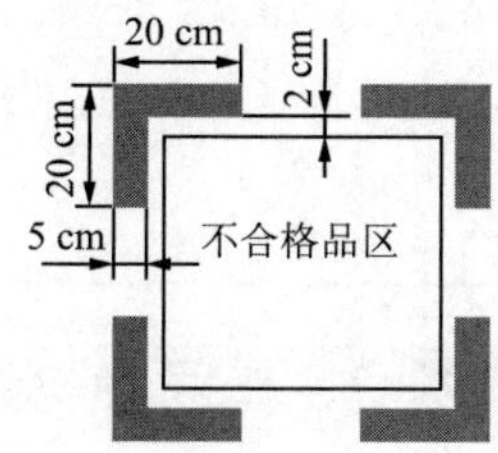

（b）B 类定位线标志

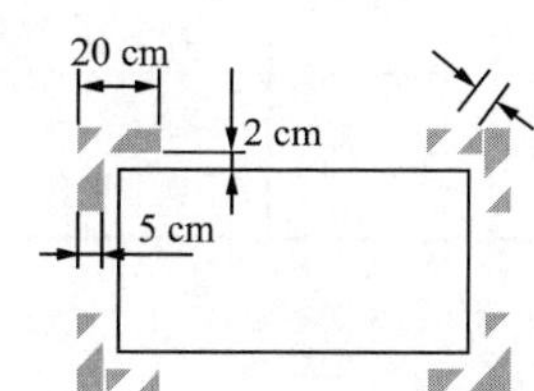

（c）C 类定位线标志

图 1–27　安全标志定位线标准示例

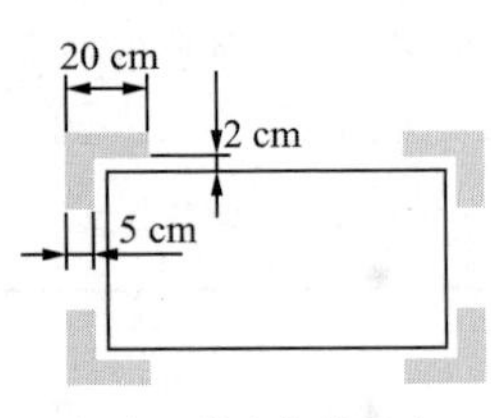

（d）D 类定位线标志

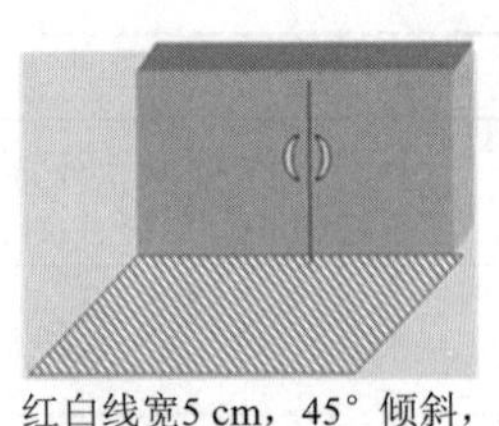

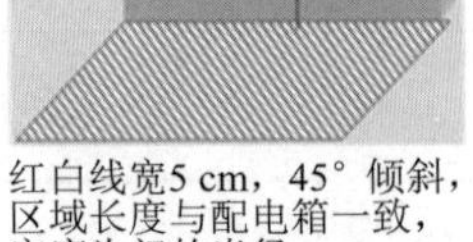

（e）E 类定位线标志

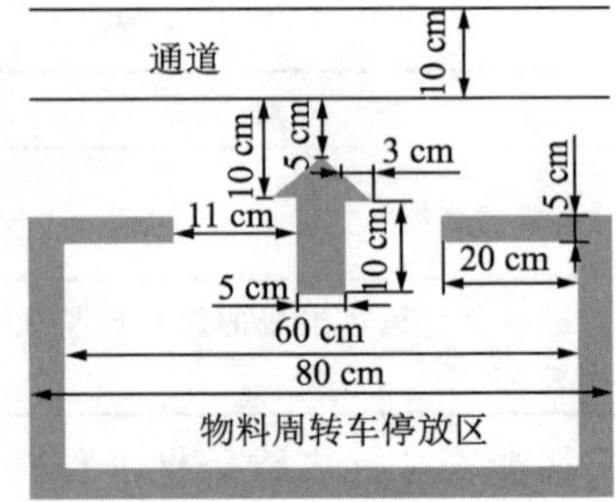

（f）F 类定位线标志

图 1-27　安全标志定位线标准示例（续）

> 5 S 标准记心中，管理落实是前提，
> 装联环境很重要，温度湿度要适宜，
> 洁净照明和噪声，影响电装质和效，
> 电源气源合要求，保障生产是基础。

序号	评价维度		权重	评价情况		
				自我评价	小组评价	教师评价
1	技术性	（1）合理设置安全标志 （2）正确处理静电释放	0.2			
2	质量性	（3）安全标志的稽核 （4）安全标志的改善	0.2			
3	规范性	（5）按照规范释放静电 （6）按照行业技术标准执行	0.2			
4	经济性	（7）作业效率最高 （8）形成规范，缩短时间	0.15			
5	环保性	（9）符合环保标准 （10）电能消耗最低	0.05			
6	创新性	（11）工艺优化有效提升作业效率与品质 （12）有效降低材料损耗	0.1			
7	职业性	（13）敬业，遵守车间工作纪律 （14）协作，按质按量完成工作	0.1			

任务 2　车间静电防护

通过车间静电防护任务的学习，能依据静电防护作业标准，正确穿戴防静电腕带、防静电

衣帽与防静电鞋，并检查穿戴是否符合作业要求；正确做好工作台防静电管理，检查工作台接地是否符合焊接、检测等作业要求。

扫一扫

静电防护点检

任务描述

某公司有意委托某厂贴装一批产品，为减少生产过程静电危害，提升元器件贴装直通率，特派稽核人员实地考察工厂车间静电防护事宜，为此需对照相关静电防护作业标准，做好生产现场静电防护落实工作。

任务分析

根据任务描述，分析如下：

现场防静电鞋服穿戴分析：穿戴防静电鞋服构成人体静电防护系统，不可单一穿戴，否则，难以达到静电防护效果。

静电系统检查作业分析：静电系统检查一是重点关注是否良好接地；二是正确选用静电检测仪表。

作业导图

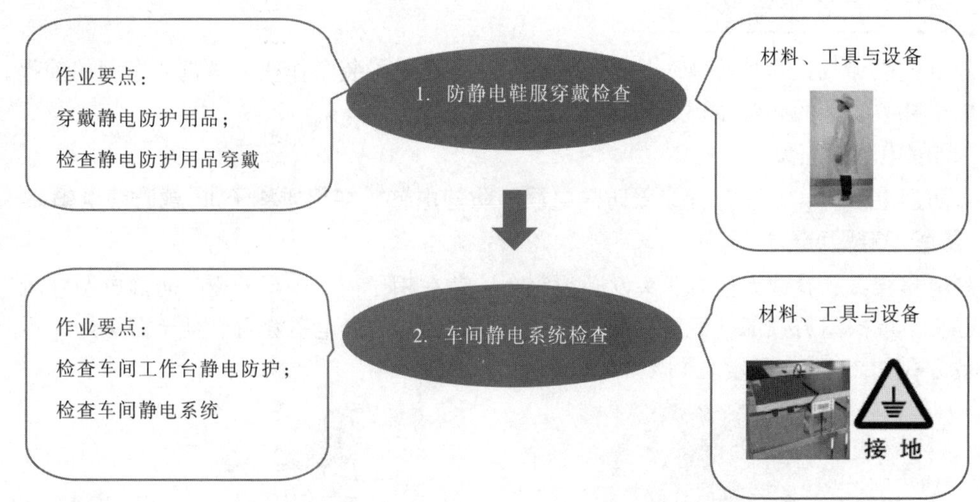

作业先通

匠心一点通

精雕细节 360°，静电危害零事故。重庆某公司是一家专业研发、生产智能终端的高新科技企业，主营 OEM 智能手机，5 年来，未发生一起静电危害事故。探其成功奥秘，全仗公司有工程部经理吴某这一“防电宝”，吴某专心生产车间静电防护工作，大到车间地面静电防护、小到作业台面良好接地，每天上班，他都要亲自到车间产线检查，堵塞静电产生所有源头，护航生产，装联品质有效提升，赢得客户高度认可和好评，公司品牌唱响行业。

安全一点通

接地不良，危害生产。苏州某工厂，因产线升级需求，在线外新导入了一台机械臂以替代人工作业。因生产需求，设备导入后便着急进行安装调试，未对设备进行接地处理，并且工程人员未对设备进行阻抗测试。调试中产生漏电现象，调试人员手臂发生瞬间触电现象，产生麻木感，这也导致机械臂电源损坏。小小接地未处理，导致设备受损、人员伤害事故。

质量一点通

环境不达标，故障率超高。2015 年 12 月，广州某科技工厂赵经理在查看部门报表时发现产品测试不良率较高，功能性故障率达 30%，故障原因均出自敏感 IC 芯片 U1 损坏。请电装车间朱某协查不良原因，在查看不良主要发生所在的 THT 车间，仔细查看发现因为隔壁车间施工原因，关闭空调，导致车间温度达到 16 ℃，车间更容易产生静电，导致较多 U1 芯片产生静电击穿，酿成批量质量事故，给公司带来直接经济损失近 5 万元。

任务实施

为了做好静电防护，需正确穿戴防静电鞋服，佩戴防静电腕带，做好工作台与车间防静电检查工作，消除生产作业过程中静电潜在的危害。

作业 1　防静电鞋服穿戴检查

防静电鞋服穿戴正确是静电防护的第一道关卡，是电子装联作业人员进入车间的前提，也是保证电子装联质量的必备条件。

技能 1　防静电鞋服穿戴

进入防静电区域，必须整齐穿着防静电服、防静电鞋（穿棉质袜子），戴防静电帽。

1. 防静电鞋服穿戴标准

防静电帽穿戴，佩戴无尘帽，头发必须完全覆盖在帽子内、不得外露。防静电服穿着，扣子需扣好，不可裸露肩颈部，不可穿反，不可随摆脱出。防静电鞋穿着，鞋子需穿好，不能拖拉。穿戴方式如图 1–28 所示。

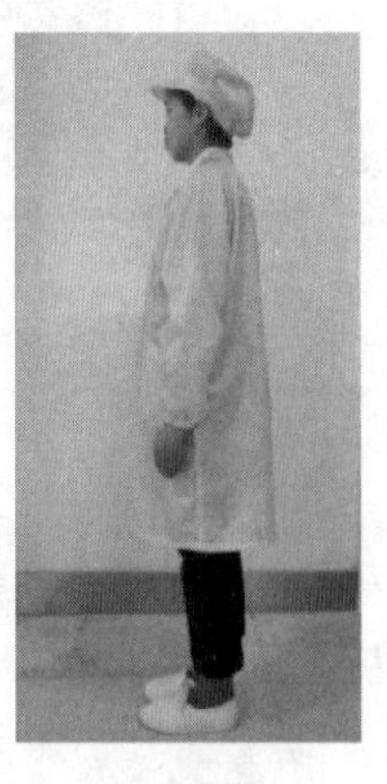

正确穿戴

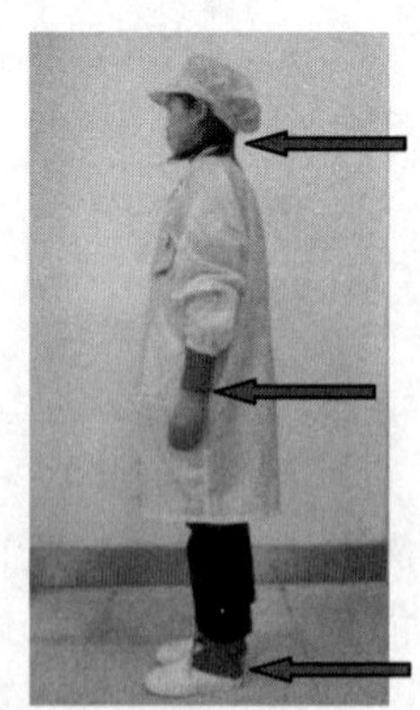

错误穿戴

扫一扫

静电防护用品的穿戴

图 1–28　防静电鞋服帽穿戴示例

2. 防静电鞋服穿戴

防静电服的功能是为了在工作中有效屏蔽人体静电荷，防止外泄，同时能够更好地保护工作者。防静电服样式很多，有分体服、连体服以及防静电大褂等。防静电服采用专用涤纶长丝与高性能导电纤维经特殊工艺织造而成，用此种面料经特殊缝纫工艺制成的洁净服装，有很好的防静电性能，具有不起毛、不起球、不脱落纤维、不起尘、不透尘、穿着舒适的特点。好的防静电服一定要做到无尘以及滤尘这两个条件，而其中想要达到无尘，必须使用长丝纤维织物，用这类物质作出来的衣服，不容易沾尘。其次防静电服里面嵌织着导电丝，是防静电的功能性织物，使用的都是优等质量的衣料。穿戴防静电服还应与防静电鞋配套使用，同时地面也应是防静电地板。

防静电鞋采用防静电鞋底材料，具有良好的导通性，可以有效消散人体静电电荷。防静电鞋穿用过程中一般不超过 200 h 应进行电阻测试一次，电阻应在 $1\times10^5 \sim 1\times10^9\,\Omega$ 之间，如果电阻值不在规定的范围内，则不能作为防静电鞋使用。

防静电帽是由专用的防静电洁净面料制作。此面料采用专用涤纶长丝，经向或纬向嵌织系列导电纤维，具有高效、永久的防静电、防尘、透气性能和薄滑，织纹清晰的功能。防静电帽子可以防护头部，把头部的静电导走。另外要用防静电帽子把头发兜住。

技能 2　防静电鞋服穿戴检测

进入防静电区域的员工必须进行测量、记录，通过后方可进入。人体综合测试仪通过测试人体对地的电阻值，判定所穿戴的防静电装备是否符合进入车间标准。

图 1–29 是 492GX 人体综合测试仪，采取综合测试模式和单独测试模式，使用该仪器可以同时测试或单独测试防静电腕带、脚环、防静电鞋的穿戴情况，并且可以选择测试单线腕带或双线腕带；同时，还具有门禁系统控制信号等功能。

人体综合测试仪具体使用步骤如下：

第一步，测试仪通电进入测试状态，测试仪状态栏显示为准备好。

第二步，连接腕带到测试仪腕带插孔，站立到测试脚踏板上，用手触摸测试仪上的测试按钮启动测试（必须保证同时触摸到按钮的中心和外圈电极，并且保持到测试完成）。

第三步，测试仪状态栏显示为测试中，约 1 s 左右状态栏将显示完成。屏幕上将显示测试结果。显示值为绿色为满足测试结果；显示值为黄色为满足要求，但已接近限制值；显示值为红色为超限；显示值为白色，那么表示测试中未能保持手稳定的接触到触摸开关。

第四步，手离开触摸开关后，测试仪状态栏将显示准备好。

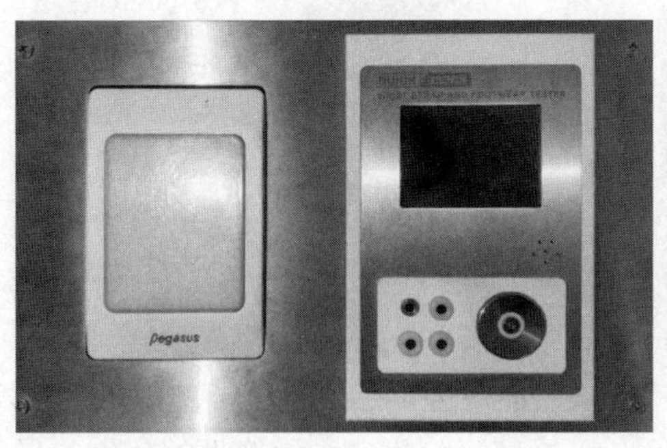

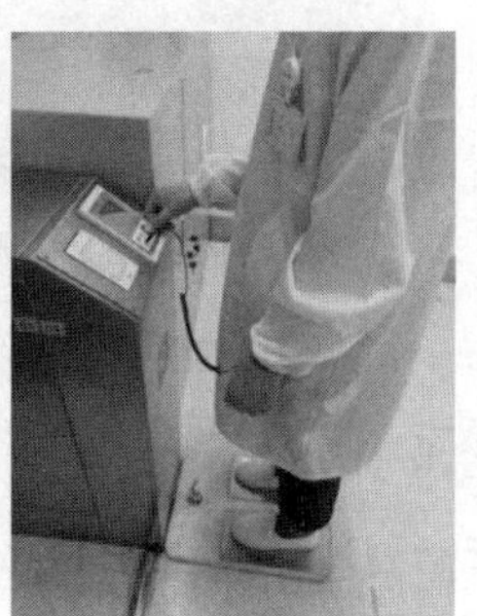

扫一扫

人体综合测试仪

图 1–29　人体综合测试仪

技能 3　防静电腕带佩戴

作业员坐姿操作静电敏感器件、基板和组件时要求双脚着地，不得出现双脚放在架子上或其他地方的现象，同时，必须佩戴防静电腕带。佩戴时腕带必须贴紧皮肤，不得松脱，如图 1–30 所示。佩戴好防静电腕带可以使操作员工安全可靠接地，同时佩戴腕带能够随时消散人体所带静电，防止静电的累积，从而防止对电子产品的损坏。

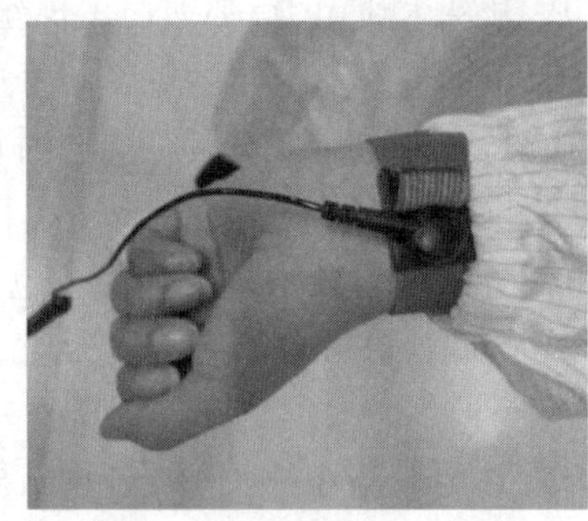

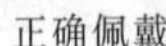

正确佩戴

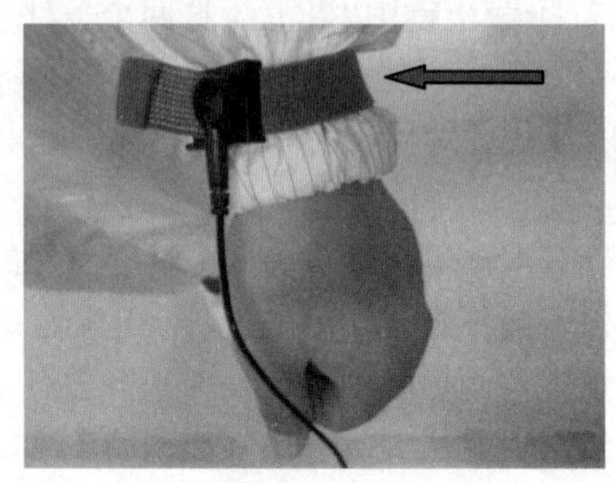

错误佩戴

图 1–30　防静电腕带佩戴方法

整齐穿着防静电服、防静电鞋、防静电帽的员工双脚站在防静电地面上、在不接触基板及物料操作时可以不戴腕带操作。外来人员，包括客户、合作厂商、研发、技术支持人员等，穿着鞋套在 EPA 区域内操作基板及器件时，应佩戴防静电手套或指套。各工序具体操作应按工艺作业指导书规定实施。

腕带测试仪能连续实时监控防静电腕带佩戴及接地是否良好。以 495 腕带测试仪为例，它适用于防静电要求比较高的场所，通过实时监控，能确保人体静电的排除，能有效地减少由于静电的危害而产生的损失。如图 1–31 所示，在工作过程中（监控状态）如若发生声光报警，则应检查防静电腕带是否佩戴良好。

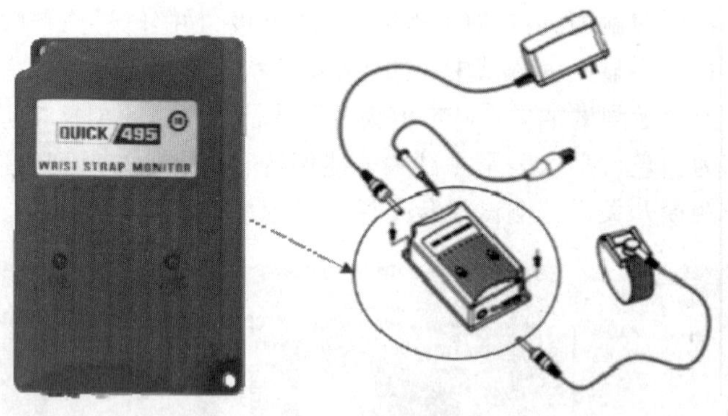

扫一扫

腕带测试仪

图 1–31　腕带测试仪

作业 2　静电系统检查

电子装联车间静电防护系统，是建立以地面防静电、作业员穿戴、产线良好接地、工作台接地、物流小车及材料的静电防护体系，以更好消除静电对元器件的危害，提升装联品质。

技能 1　静电测量仪表识别

在采取静电对策之前，“找到”静电，是静电对策的第一步。可问题在于，静电是无法被人眼直接观察到的。对于发生片材贴附、灰尘附着等人眼可见问题的位置，我们可以察觉其中静电的存在。使用专用的测量仪，可以发现无表象问题处的静电，还能测量出所关注位置的静电电量或电压。

1. 静电测试仪

利用静电测试仪对准需要测量的对象，能够轻松测量出该物体表面的静电电压。以 431 为例介绍静电测试仪的用法。431 测试仪是用于检测静电的仪器，兼有离子平衡度测试功能。采用了新型的非接触式表面电位传感器，能有效地检测到物体所携带的静电量，如塑料、化纤、皮毛及人体所携带的静电。将仪器前端面放在距离被测物体约 25 mm 处，按下测试按键，使仪器发出的十字形标记落在被测物体上，此时，屏幕所显示的电压值即为目标物体表面所存在的静电电压，如图 1–32 所示。

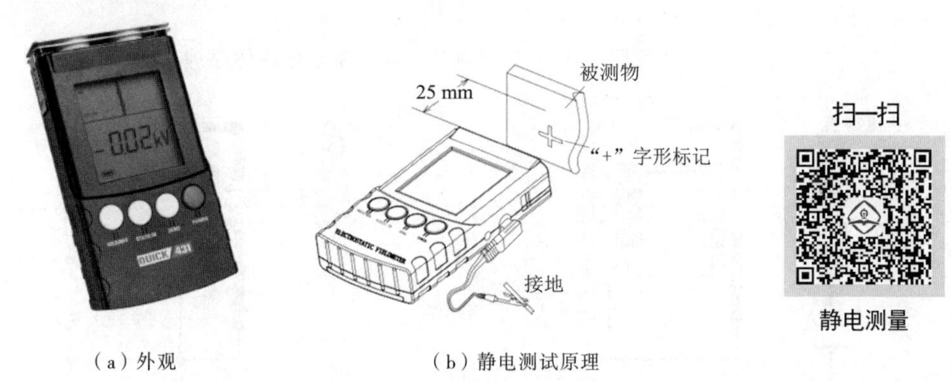

（a）外观　　（b）静电测试原理

图 1–32　静电测量仪

静电测量因绝缘体带电不均匀、测量距离和测量范围变化，以及测试对象背面可能有金属存在，而引起测量值大小的变化，需加以注意，并掌握其测试技巧。

测量绝缘体带电不均匀的静电测试技巧。静电主要是由物体之间的接触而产生，物体由原子构成，而原子带有带负电的电子。各物体根据电子状态具有某种表面能量（电子的势能），通常比较两个物体时，表面能量会存在差异，电子会从表面能量高的一方移动至低的一方。当两个表面能量一致时，电子将会停止移动，一般而言，多结晶状态时，表面所呈现的结晶面因位置而异，即由于电子状态的不同，表面能量也会有所不同。此外，由于塑料等有机高分子材料的分子定向因位置而异，表面能量也会有所不同。如果上述材料之间产生接触，电子的移动即带电状态，则会因位置而有所不同。绝缘体如其名所示，由于不通电，因此电子无法在物体当中或表面移动。即接触时的带电会因位置而有所不同，之后也会维持带有不同电压的状态。静电测试仪可测量带电物传导至检测传感器部的电荷量。带静电的物体将放射电力线，而电力线的量与带电压成正比例关系。根据带电物传递至检测传感器部的电力线条数，传感器部感应到的电荷量会产生变化。即使带电压固定，如果对象物与静电测量仪的距离发生变化，则输入的电力线数也会改变。即如果测量距离改变，则静电测量仪的测量值也会改变。因而，测量上述物体的静电时，希望进行多点测量，测试原理如图 1–33 所示。

测量距离变化的静电测试技巧。静电测量仪可测量带电物传导至检测传感器部的电荷量。带静电的物体将放射电力线。而电力线的量与带电压成正比例关系。根据带电物传递至检测传感器部的电力线条数，传感器部感应到的电荷量会产生变化。即使带电压固定，如果对象物与静电测量仪的距离发生变化，则输入的电力线数也会改变。即如果测量距离改变，则静电测量仪的测量值也会改变，其测试原理如图 1–34 所示。测量距离因安装要求或品种发生改变时，选择具有可对其进行补正功能的静电测试仪，有利于减少测试结果的误差度。

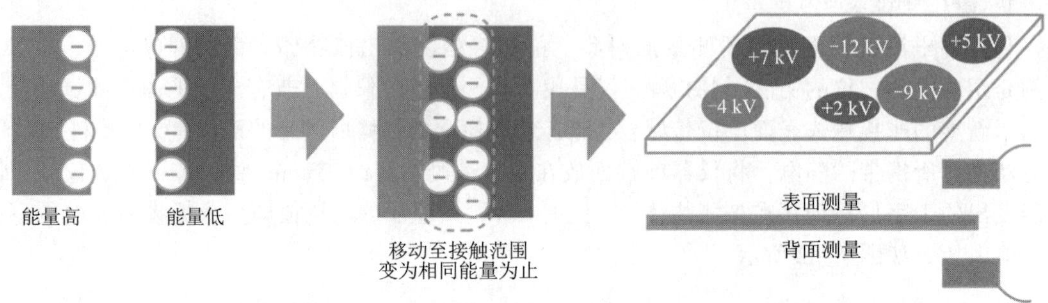

图 1–33　静电测试不均匀带电绝缘体原理

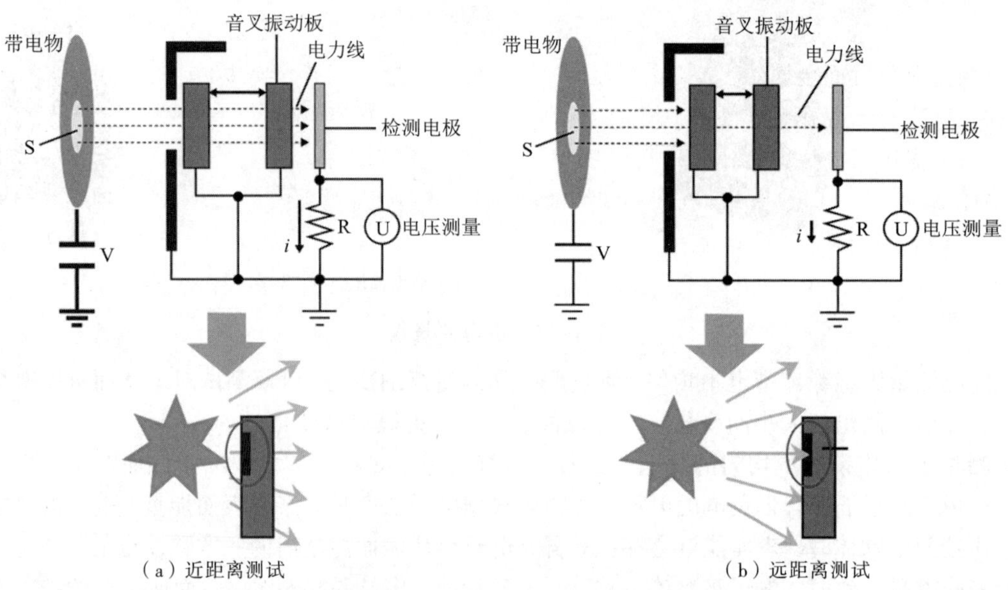

图 1–34　静电测试因距离变化影响原理

测量范围变化的静电测试的技巧。测量传感器的测量范围会根据到对象物的距离而改变，如图 1–35 所示。

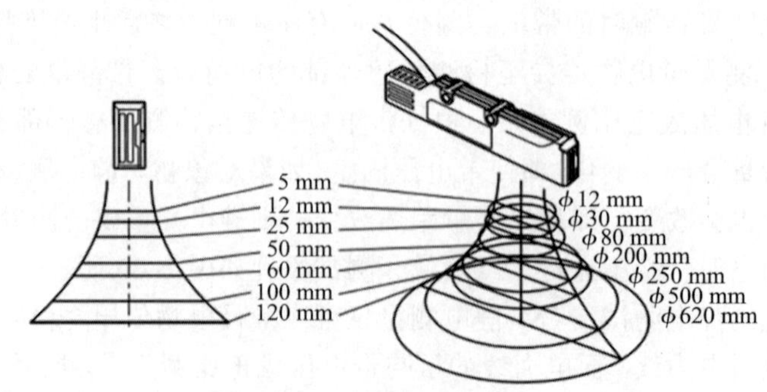

图 1–35　测量范围与测试距离变化关系原理

被测量对象物如果充分大于测量传感器的测量范围，则越能显示正确的测量值，但如果小于检测范围，则会显示较小的测量值，如图 1–36 所示。选用具有可补正测量值变小功能的静电测试仪，有利于提升测量结果准确度。

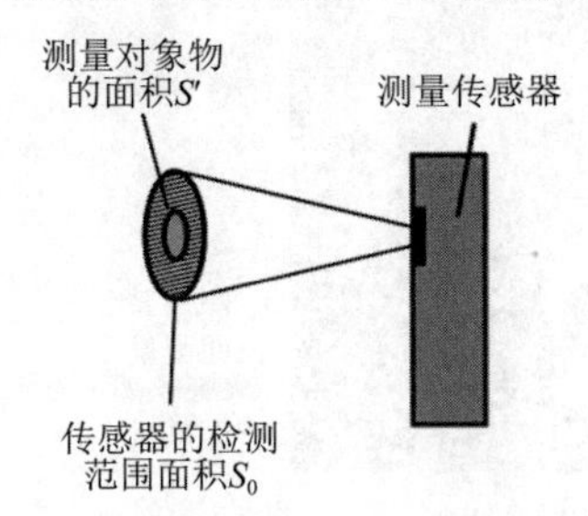

（a）测量物小于测量范围

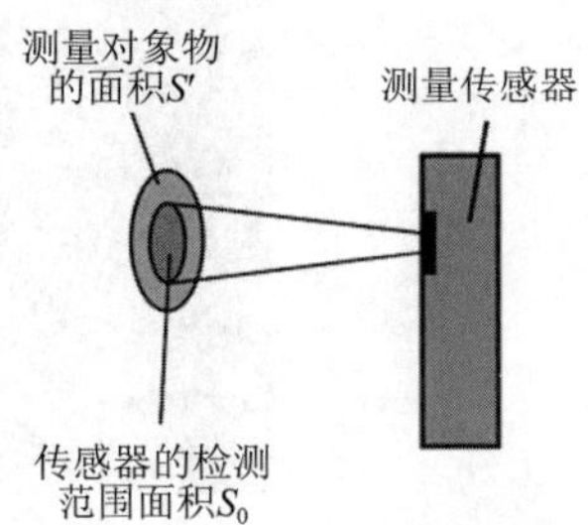

（b）测量物大于测量范围

图 1–36　静电测试因测量范围影响原理

测量对象背面金属物影响的静电测试技巧。请在背面没有金属的状态下测量想要测量的对象物。如果背面存在金属，则测量值会大致显示为零，其测试原理如图 1–37 所示。静电是电的一种，即在正电与负电之间具有相互吸引的力道（库伦力）运作。例如，如果将带有负静电的物体放在金属上，则金属表面会聚集相反极性的正静电。通过静电测试仪进行观察时，发现负极与正极会相互抵消，该处看起来没有静电。想要测量静电大小时，可抬起对象物在没有金属影响的状态下进行测量。

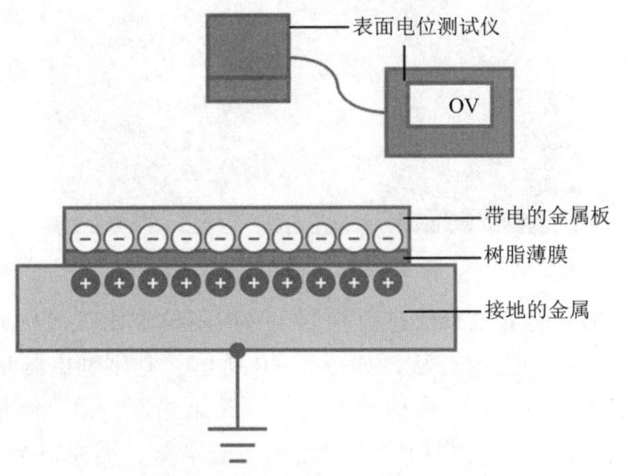

图 1–37　测量对象背面金属物影响测试原理

2. 表面阻抗测试仪

表面阻抗测试仪可以测试防静电皮表面电阻。以型号为 499D 表面阻抗测试仪为例，可以测量物件的表面系数和接地电阻，可以对防静电材料、绝缘材料等进行测量。它采用 ASTM 标准 D—257 平行电极传感方法，使用高精密的 OP-AMP 集成放大器，进行自动测量。如图 1–38 所示，实测电阻值为 $1.0 \times 10^9\ \Omega$。

扫一扫

表面阻抗测试仪

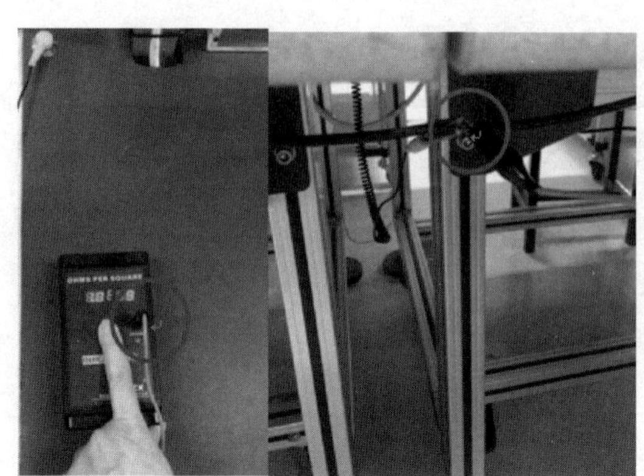

图 1-38　表面阻抗测试仪

技能 2　防静电桌垫检查

防静电工作台的性能参数主要包括台面表面电阻、台面对地电阻、金属部件表面电阻、金属部件对地电阻、摩擦起电电压、燃烧性能、静电电压衰减期以及台面耐磨等，各个参数都有固定的国家标准和规范要求，如图 1-39 所示。

图 1-39　防静电工作台

根据规范，需要定期对防静电桌垫进行检测，采用阻抗测试仪可以完成测试。利用对地阻抗仪检测桌垫对地的测试点的选取方法，如图 1-40 所示。利用静电测量仪的一个极分别放在桌面指定位置处，选定 5 个点，另一个极放在地上，开始测量，记录测量结果。根据规范，对于新铺设的静电防护桌垫需要进行测量，对于使用中的桌垫，需要每半年进行一次检验。

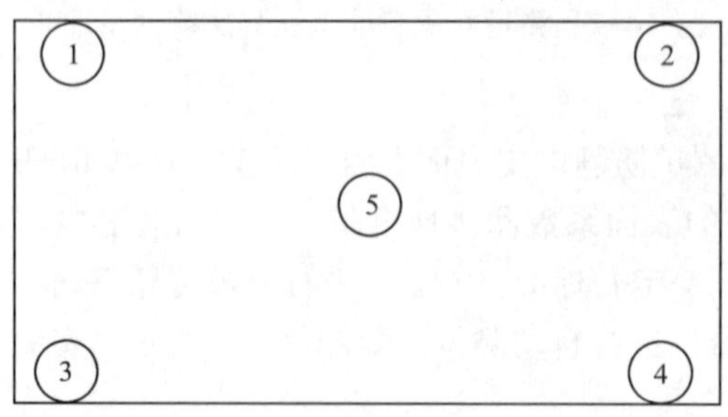

图 1-40　表面阻抗测试点选取示例

技能 3　防静电接地检查

接地是一种常见的有效防护静电的对策。例如自助式加油站的静电消除板，直接与大地相接，用手触摸时，人体所带的静电会通过接地线被导入大地，电子装联所使用的生产设备也同样采用了这一原理。只需将设备良好接地，就能消除设备运行所可能产生的静电。静电防护要求每一台仪器与电动工具都要有良好的接地，表 1-7 为各部分接地电阻要求。

表 1-7　接地电阻要求

接 地 电 阻	标 准 要 求
仪器接地电阻	小于 1Ω
设备接地点与公共接地点间的电阻	小于 1Ω
设备金属外壳测量接地电阻	小于 10Ω
烙铁头接地电阻	小于 1Ω

厂房应独立设立防静电地线，各楼层应设立防静电公共接地点，各楼层公共接地点至大地的接地电阻值小于4 Ω。各楼层防静电公共接地电阻，用测试仪器（重锤）进行测试，每年每个楼层不定期抽取 3 个点进行测量，如图 1-41 所示。

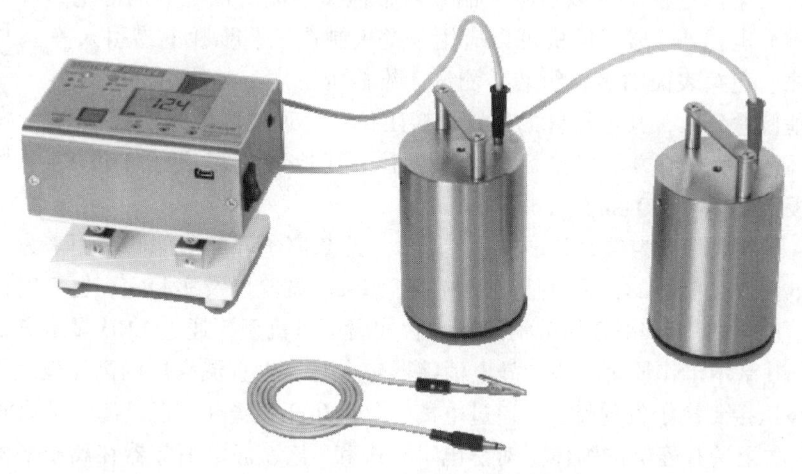

图 1-41　重锤示例

电子装联设备、模块/整机组装及调测设备，以及配置有防静电接地点的设备工具，如电烙铁，应采用独立防静电接地线接地。防静电地线应采用铜条或黄绿色多股铜线。防静电地线与防静电地极之间阻值小于4 Ω。防静电地线间的连接应采用螺钉紧固或焊接等固定连接方式。现场除了防静电腕带、移动设备工具外，其他固定连接的工具、设备、接地线间的连接禁止采用鳄鱼夹。各工具、设备防静电接地点接入防静电地线采用并联方式，优先采用防静电公共接地排进行并联汇接，禁止采用串联方式，即在设备工具金属接地部件引出独立的接地线固定连接到防静电地线上，以保障接地可靠。防静电接地，如图 1-42 所示。

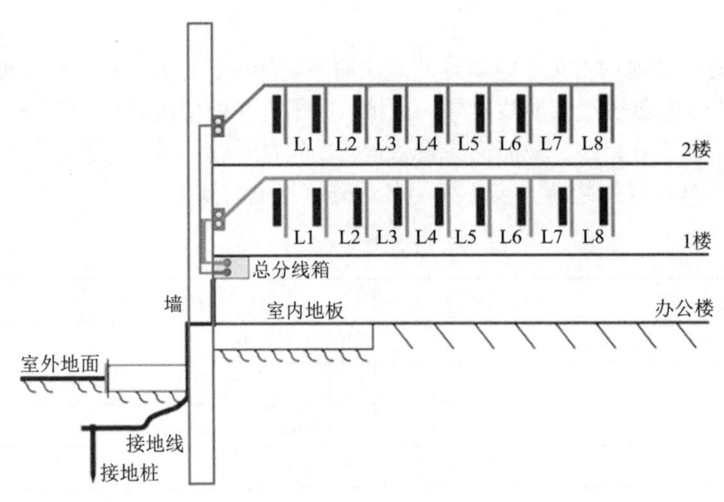

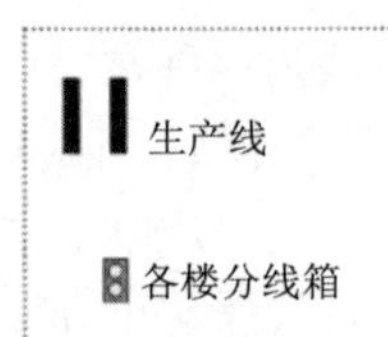

图 1-42　防静电接地连接图

技能 4　离子风机操作

扫一扫

静电消除器

离子风机在生产过程中可以消除产品上所带但又不能对地泄放的静电，保护产品不被静电损伤。离子风机可以应用于基板制造工艺步骤上易引入静电风险的工序。包括表面贴装、组装、测试、维修等工序。有使用绝缘材料的地方，如基板拆分区，其他器件的绝缘包装工位；处理最高敏感度低于和接近 100 V 的器件的地方；焊接后，维修工位；其他静电场大于 100 V，距离裸露单板/器件小于 30 cm 的工序。

以 443C 静电消除器为例，如图 1-43 所示。此款离子静电消除器是用来为一些敏感电子元件消除静电而设计制造的，可以适用于检测、组装、试验以及实验室，也可以在一些静电荷产生问题的情况下使用。443C 静电消除器为台式离子风机型，通过 LED 显示离子平衡度。风量输出可调。其基本工作原理如下：静电消除器包含有产生直流高压的高压发生器，将高压发生器产生的高压接到离子发射针上，通过电离空气产生正负离子，正负离子被风吹出形成离子风，该离子风吹至带有静电的物体上对静电进行中和。该款静电消除器在离子平衡度超出设置的报警范围时，有报警音提示，同时能通过 RS-485 接口与计算机联机，能将 99 台静电消除器同时联机，实现过程监控。

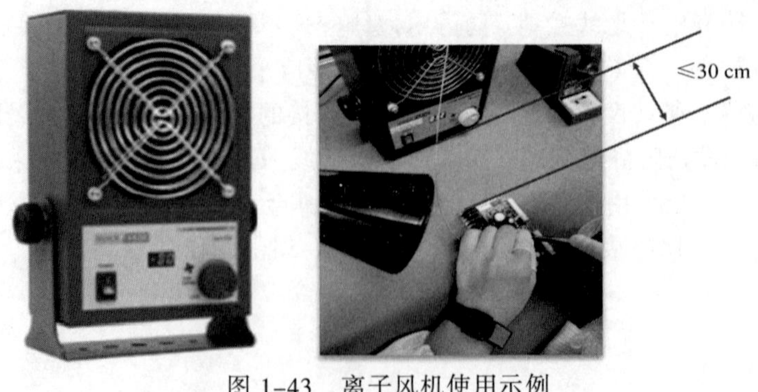

图 1-43　离子风机使用示例

静电危害随机化，影响品质是杀手，
接地放电是主道，人员防护很重要，
静电电压测试仪，表面阻抗测试仪，
人体综合测试仪，仪器仪表要配全，
会用腕带测试仪，离子风机消静电。

工作评价

序号	评价维度		权重	评价情况		
				自我评价	小组评价	教师评价
1	技术性	（1）合理设置静电防护标志 （2）正确使用静电测试工具	0.2			
2	质量性	（3）仪器设备的准确性 （4）工具/治具的规范使用	0.2			
3	规范性	（5）按照静电防护规范操作 （6）按照行业技术标准执行	0.2			
4	经济性	（7）作业效率最高 （8）形成规范，缩短时间	0.15			
5	环保性	（9）符合环保标准 （10）电能消耗最低	0.05			
6	创新性	（11）工艺优化有效提升作业效率与品质 （12）有效降低材料损耗	0.1			
7	职业性	（13）敬业，遵守车间工作纪律 （14）协作，按质按量完成工作	0.1			

任务3　新品制程导入

任务目标

通过新品制程导入任务的学习，会识读物料表，并对照物料表检查元器件等物料，会对照新品作业指导书，完成新品的产线准备以及工艺实施等工作。

任务描述

某公司有意委托贴装基板 dzzl-01 装联任务，试样基板如图 1-44 所示，贴装物料表(BOM)，见表 1-8。识读物料表，并对照物料表查验元器件等物料，识读相关工序作业指导书，对标产线、机台，做好该品种制程导入生产的准备工作。

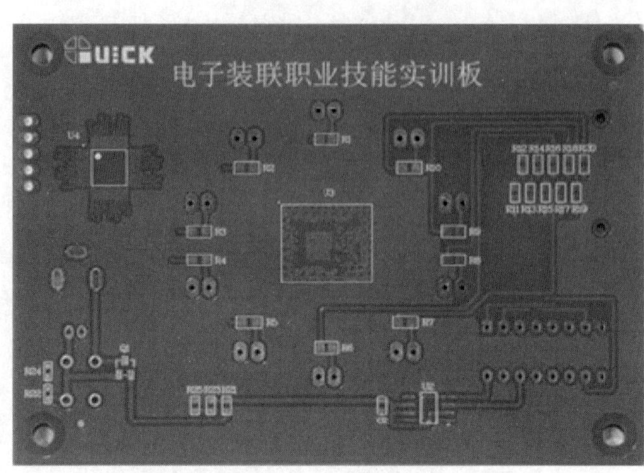

图 1-44　试样基板

导入准备工作要求：

（1）查验物料，正确率 100%；

（2）治工具准备，正确率 100%；

（3）生产线和工作机台，与生产作业任务匹配度 100%。

表 1-8　基板 dzzl-01 物料表

序号	名　　称	规格型号	位　　号	封　　装	用量	备注
1	贴片电阻	0805—511/环保（510Ω）	R 1、R 2、R 3、R 4、R 5、R 6、R 7、R 8、R 9、R 10	0805	10	手工焊
2	贴片电阻	0603—000/环保（0 Ω）	R 11、R 12、R 13、R 14、R 15、R 16、R 17、R 18、R 19、R 20	0603	10	手工焊
3	贴片电阻	0603—274/环保（270 kΩ）	R 22 、R 23、R 24、R 25	0603	4	手工焊
4	贴片电阻	0603—513/环保（51 kΩ）	R 21	0603	1	手工焊
5	贴片 IC	SC 6820/BGA	U 3	BGA	1	返修台
6	贴片 IC	HT 1621BQ/LQFP 48	U 4	LQFP 48	1	手工焊
7	贴片 IC	NE 555 DR/环保	U 2	SOP	1	手工焊
8	贴片电容	0603—105/环保（1 μF）	C 2	0603	1	手工焊
9	贴片三极管	3904（长电）/环保	Q 1	3904	1	手工焊
10	插件电容	CD 11—25 V—476/环保（47 μF）	C 1	RB—2.0/5.0	1	手工焊
11	插件 IC	CD 4017/DIP 16	U 1	DIP 16	1	手工焊
12	五芯插座	XH 5 A/环保/E 241222	J 4	XH-5 A	1	机器人焊
13	电源插座	DC—4702.0	J1	DC-005	1	手工焊
14	按键开关	DTS—61N/环保	K1	6 mm×6 mm 插件	1	手工焊
15	发光管	5 mm/红/IR7062B/环保	DS1、DS2、DS3、DS4、DS5、DS6、DS7、DS8、DS9、DS10	5 mm 插件	10	手工焊

任务分析

根据任务描述，分析如下：

作业指导书识读分析：重点识读作业工艺参数，理解重点和难点问题及其管控方法。

装联物料查验分析：识读物料表，理解物料装联顺序，识别物料封装及极性。

新品产线准备分析：认知产线设备构成，准备好相关治具，了解设备产能。

任务导图

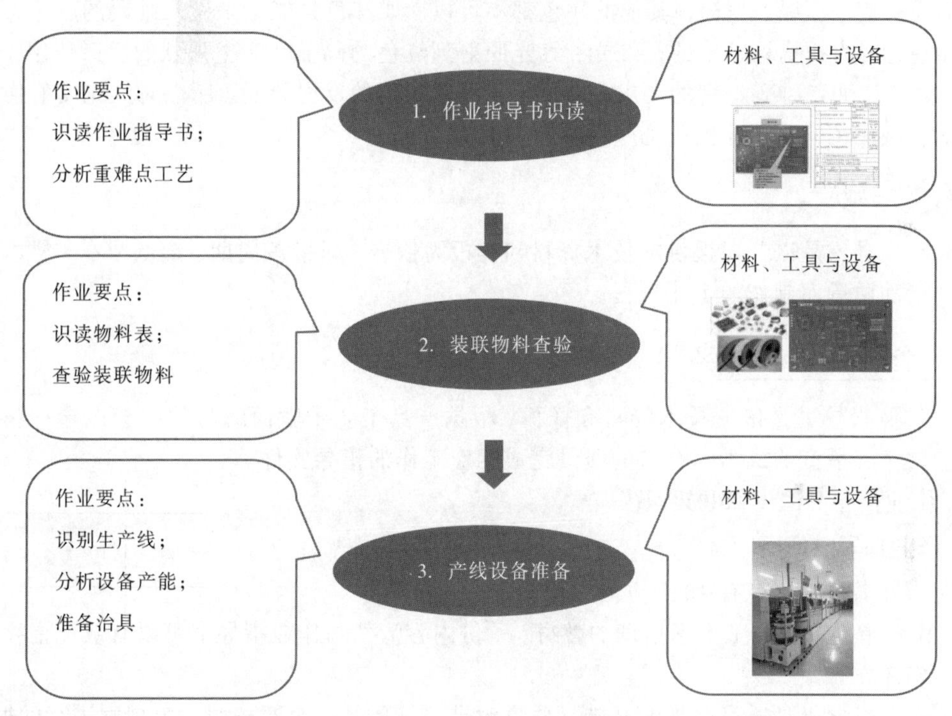

作业先通

匠心一点通

72 个日夜坚守，只为客户 0.1%的满意度。常州某公司 2016 年推出一款可以刻制 4 mm × 4 mm 二维码的激光打码机，引领行业销量冠军。在客户满意度调查中，一家客户说我们对公司的激光打码机是 99.9 %的满意，要说 0.1 %的不满意，在于公司有一款陶瓷基板刻制的二维码，识别率在 99.9 %，给公司生产带来一定影响。公司总工程师王某为此十分重视，亲赴客户调研，与客户一同分析，跟踪生产过程，经过 72 个日夜的坚守，终于查找到 0.1%不识别的原因，并提出问题解决方案，得到客户的高度认同，被授予该公司最佳供应商，有效彰显了企业品牌。

安全一点通

激光能量高，能打码能伤人。激光打码是依靠其高能量，形成对基板加工的激光束。但激

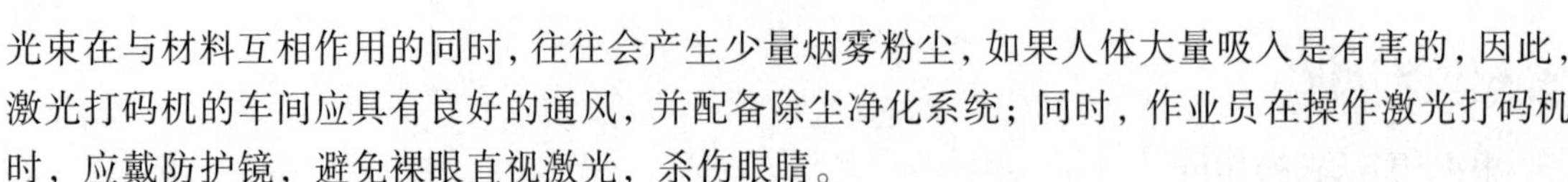

光束在与材料互相作用的同时，往往会产生少量烟雾粉尘，如果人体大量吸入是有害的，因此，激光打码机的车间应具有良好的通风，并配备除尘净化系统；同时，作业员在操作激光打码机时，应戴防护镜，避免裸眼直视激光，杀伤眼睛。

质量一点通

二维码清晰，扫描枪不识别。某公司工程师张某发现车间最近出现一件怪事，用激光打标机制作二维码，明明制作的二维码非常清晰，可是扫描枪扫描，怎么样都是读不出来。他苦思冥想，查遍公司所有资料，终于悟出产生问题的原因，原来条形码二维码对颜色的规定很严格，并不是所有的颜色都可以用来印刷二维码，可以做空的颜色有白、黄、橙、红，可以做条的颜色有黑、蓝、深绿、深棕，其他的颜色都不可以。如红色只能用来做二维码的底色，不能用来做条色，因为扫描枪发出的是红光，红光照射到红色的码上会产生强烈的反射作用，类似照射到白色上，而二维码识别的要求是空的反射要强，码的反射要弱。所以对红光反射强烈的红色只适合做底色，不适合做码的颜色。

任务实施

新品制程导入是以公司提供的技术资料和样板为依据，以最短周期、最低成本，尽可能达到最高产量和质量而制作的工作过程。

作业1　作业指导书识读

工艺作业指导书是依据技术资料和样板，根据产品工艺步骤而编写的用于指导一线员工以最高的效率、最低的成本，合格的质量完成相应工作的指导文件。

技能1　作业指导书作用和框架识读

1. 作业指导书作用

作业指导书概括起来有10个方面作用。

（1）作业指导书是员工上岗培训的教材。一份内容清楚的作业指导书可以有效地指导一名操作工正确操作。

（2）作业指导书是质量改进的基础。质量改进的循环是一个要按照一定规则进行的循环，这个循环的基本规则就是要将改进前后的内容、步骤、过程清楚地描述出来，进行分析、比较。

（3）作业指导书是质量和安全责任事故调查的最根本文件。很多企业和组织当发生质量和安全事故的时候，首先会认为是操作者违规操作。在一个管理规范的企业，只要操作者按照作业指导书的步骤操作，就不会被追究责任。这样做，一方面可以让管理者制定的规章、制度、标准更加贴切实际和现场，另一方面也可以让操作者清楚知道自己的工作和责任。

（4）作业指导书是先进管理工具的基础。许多先进管理工具的应用最终都要体现在作业指导书中，如5S、生产线平衡、目视化管理、防错原则、看板管理、快速换线、风险控制等。

（5）作业指导书是推进技术转化的基础。企业在实施技术改造、推行新技术时候，需要将新技术理念转化为实际可操作的内容，这就需要指定作业指导书来推行。

（6）作业指导书是定岗定员和工作分析的基础。企业在定岗定员时，要通过作业指导书来进行工作分析，通过分析岗位工作量的大小来决定岗位应该分配的人数。

（7）作业指导书是降低成本、提高工作效率的基础。通过对作业指导书的逻辑性、系统性分析，可以发现降低成本，提高工作效率的机会。

（8）作业指导书是发挥员工积极主动性的工具，是授权的基础。管理者在制定作业指导书的过程中，要征求操作员工的意见，员工在使用作业指导书操作的过程中，如果发现作业指导书不合理，可以用合理化的建议改善，企业应给予鼓励，作业指导书可以防止发现问题变得惊慌失措，真正做到有备无患。

（9）作业指导书是企业文化和执行力的最终体现。如企业中奉行的“质量第一”，那么在作业指导书中就要把质量事故，质量隐患的处理方式方法清楚地描述出来，让员工清楚地理解并彻底执行。如企业文化中把诚信作为企业的价值观，那就可以把诚信的一些具体表达方式、内容体现在作业指导书上，让员工准确执行。

（10）作业指导书是员工理解和实施企业战略目标的有效工具。有的企业在班组长岗位作业指导书上规定，在班前会和班后会背诵企业战略目标，确保企业的战略目标人人理解。

2. 作业指导书框架识读

标准作业指导书框架，主要包含适用范围、材料部件、设备工装、作业步骤、作业条件、异常处理、图示、变更履历、工艺要求、其他等 10 个部分。

（1）适用范围：详细说明生产机型，这是一个什么制程。

（2）材料部件：说明完成这项作业需要使用的材料及部件。

（3）设备工装：说明当前作业所需使用到的设备、工装治具。

（4）作业步骤：说明当前工位每个步骤的具体作业次序与名称，包含检查项目和质量要求，即作业完成时产品应当达到的质量标准。

（5）作业条件：说明作业的前置条件，包括温度、湿度、光亮度等。

（6）异常处理：说明作业中发生的不良、事故处理方法等。

（7）图示：说明作业生产中的操作图示、要点图示。

（8）变更履历：说明文件更改内容、时间等。

（9）工艺要求：说明工序的要求参数或质量。

（10）其他：包括编制者、审核批准日期等。

技能 2 作业指导书编制

编制的作业指导书要能够让操作员通过阅读对将要执行的工作内容完全、正确的理解。即要能明确回答如下问题：

（1）这是一项什么作业？由谁来完成？

（2）需要用到什么物料？需要用到什么工装？工具和设备？

（3）做什么？如何操作？先干什么？后干什么？要达到什么质量？

（4）需要注意什么？

具体作业指导书编制示例，如图 1-45 所示。

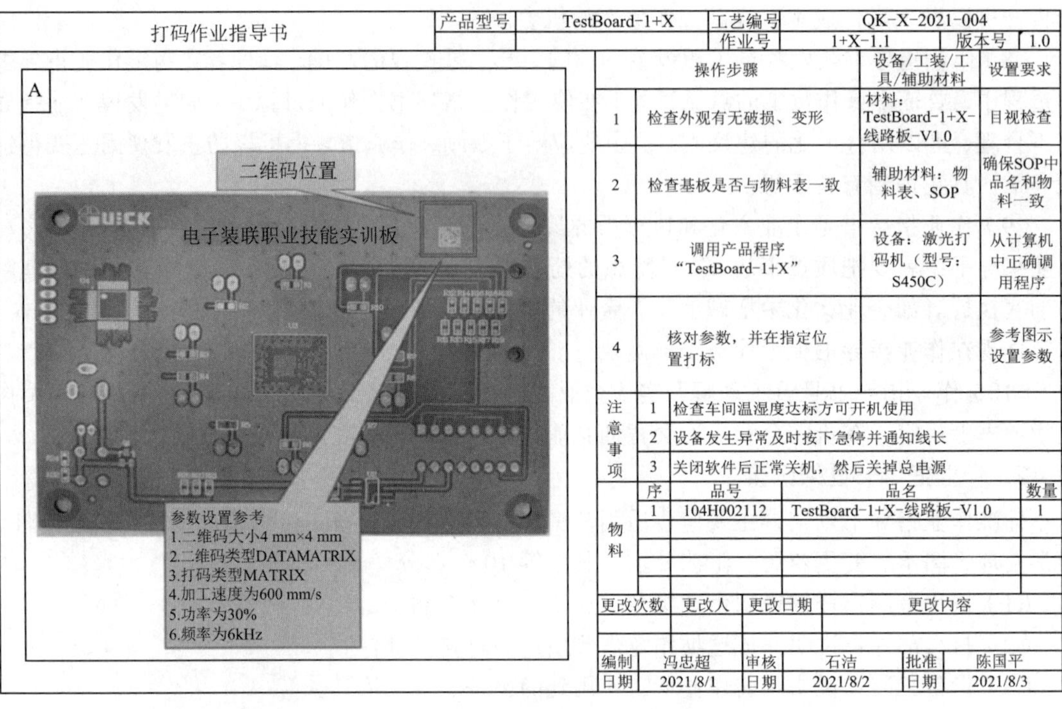

打码作业指导书	产品型号	TestBoard-1+X	工艺编号	QK-X-2021-004		
			作业号	1+X-1.1	版本号	1.0

	操作步骤	设备/工装/工具/辅助材料	设置要求
1	检查外观有无破损、变形	材料：TestBoard-1+X-线路板-V1.0	目视检查
2	检查基板是否与物料表一致	辅助材料：物料表、SOP	确保SOP中品名和物料一致
3	调用产品程序“TestBoard-1+X”	设备：激光打码机（型号：S450C）	从计算机中正确调用程序
4	核对参数，并在指定位置打标		参考图示设置参数

注意事项		
	1	检查车间温湿度达标方可开机使用
	2	设备发生异常及时按下急停并通知线长
	3	关闭软件后正常关机，然后关掉总电源

物料	序	品号	品名	数量
	1	104H002112	TestBoard-1+X-线路板-V1.0	1

更改次数	更改人	更改日期	更改内容

编制	冯忠超	审核	石洁	批准	陈国平
日期	2021/8/1	日期	2021/8/2	日期	2021/8/3

图 1-45　作业指导书编制示例

作业 2　装联物料查验

物料查验是根据物料表查验物料类型、型号规格和需求数量的过程，因此，正确识读物料表很重要。

技能 1　装联物料号识读

行业对于物料命名没有统一标准，不同公司命名方式各不相同，现以快克公司采用的五级十位命名方式说明，如图 1-46 所示。

料号：105 H 100073 表示第 73 号环保贴片电阻。

1 0 5 H 1 0 0 0 7 3

五级
四级
三级
二级
一级

图 1-46　物料号标识示例

（1）一级。用默认数字“1”表示公司代号。

（2）二级。由两位数字表示元器件类型。01 是电机，02 是电源线，03 是变压器，04 是基板，05 是电阻，06 是电容，07 是电位器，08 是二、三极管，09 是 IC 及液晶，10 是其他电阻元件，12 是弹簧及缓冲类，13 是机壳。

（3）三级。由 1 位字母表示元器件环保特性。H 是环保型，N 是非环保型。

（4）四级。由 1 位数字表示元器件结构特征。电阻类：1 是贴片电阻，2 是碳膜色环电阻，3 是金属膜色环电阻，4 是绕线电阻，5 是金属氧化膜电阻，6 是高压高阻玻璃膜电阻，7 是厚膜电阻，8 是热敏电阻，9 是其他类型电阻；电容类：1 是贴片电容，2 是薄膜电容，3 是电解电容，4 是金属化聚酯薄膜电容，5 是低压低频圆片磁节电容，6 是高压陶瓷电容，7 是涤纶电容，8 是可调电容，9 是其他电容，其他默认为 0。

（5）五级。由 5 位数字表示，数字从 00001 ~ 99999 依次排列。

依照客户 BOM 中的描述，在公司物料清单中寻找对应的公司料号，并在客户 BOM 中标记清楚，如果有不在公司物料清单的，立即联系采购，进行物料采购，利用公司的物料命名方式进行物料命名。

技能 2　装联物料对表

装联物料对表过程，实质是一个查验所供物料的类型、封装特征及规格型号、极性，还有了解元器件装接顺序的过程。

基板 dzzl-01 装联物料查验步骤分设 5 个步骤：

第一步，查验元器件类型。了解是贴片，还是插件元件。

第二步，查验元器件封装。本作业中，贴片元件封装包含贴片电阻、贴片电容、贴片 IC，其中 IC，包含 QFP 封装的 U 4，SOP 封装的 U 2，还包括 BGA 封装的 U 3 等。插件封装主要包含电容 C 1、IC 插件 U 1、五芯插座 J 4、电源插座 J 1、按键开关 K 1、发光管 DS 1、DS 2、DS 3、DS 4、DS 5、DS 6、DS 7、DS 8、DS 9、DS 10 等。

第三步，查验元器件极性。本任务中极性器件含 IC 器件、发光二级管。

第四步，查验元器件数量。对照物料表了解物料可否满足贴装批量要求。

第五步，查验装联顺序。依据物料表确定物料贴片、插件、选择性波峰焊接、机器人焊接、BGA 返修台装联的顺序。

作业 3　新品产线准备查验

本作业内容包括文件准备，如作业指导书、零件位置图、首件对照表、罩板；材料准备，如物料准备、耗材准备；设备准备组成。

技能 1　作业文件查验

在新品投产前，需要查验产线所需要准备的作业指导书，零件位置图等资料性文件，是否符合生产要求，数量是否齐全。

作业指导书，在用于指导作业员在指定的站位，按照作业指导书中的操作步骤进行作业，要特别强调，关注其中的注意事项。

零件位置图，在新品首件生产完成后，需要对首件进行确认，主要确认有无错件、反向、缺件等。

技能 2　装联材料查验

生产前需要进行装联材料查验，查验品种、规格、数量是否满足生产作业要求。需要的材料包括治工具、物料、生产中的耗材、检测罩板等。

治工具，通常是治具、工具的合简称，一般新品导入过程中，工厂按照表 1-9 的步骤，制作治工具。

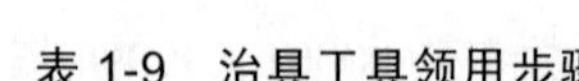
表 1-9　治具工具领用步骤

阶段＼责任部门	项目部	工程部	生产部	备　注
申请阶段		新品治工具申请		填写《治工具申请表》，完成签核，并将表单交到工程部门评估
评估阶段		治工具评估（N→新品治工具申请；Y↓）		工程一天内给出是否需要制作治具的评估
开发阶段				将制作需求发放给供应商，请供应商提供设计方案
请购阶段		治工具设计		工程完成设计审核后，填写《治工具请购单》，并完成签核
供应商制作		治工具购买		请供应商制作治工具
验收				根据设计方案进行治工具验收
入库，编号		治工具制作		填写《治工具入库单》，并对治具进行编号归档
领用		治工具验收（N→治工具设计；Y↓） 治工具领用		由领用人员填写《治工具领用登记表》

基板 dzzl-01 装联需要的主要为插件治具、焊接治具、点胶治具和锁付治具，生产开始前，由生产人员依靠 SOP 中的治具编号，领取对应的治工具。

罩板，用于快速检查生产作业装联效果是否符合客户要求。将罩板罩在基板上，确认是否有缺件、多件。因为会接触到基板和精密电子元器件，罩板必须为静电消散材料，避免因使用非静电消散材料的罩板产生静电，损坏基板或电子元器件。罩板一般由客户提供，如果客户未做提供，需自行制作。

物料准备查验，依照作业指导书中的“物料”栏，确认物料种类和数量是否满足生产需要，如发现种类缺少，立即通知物料组，将所缺物料尽快送到线上。如发现数量不足，通知物料备料。如果物料种类较多。清点物料时，注意不能混料。在物料中有需要特别关注是 MSD（湿敏）元件的保存和使用，还有注意静电敏感器件的保存使用。

耗材准备查验，如手工焊接站位的耗材有锡丝，清洁剂，无尘布，毛刷等。在作业开始前，检查耗材是否备齐。

技能 3　设备准备查验

不同产品所需要的制程，因生产批量、材料等差异，而不尽相同，需要为该产品匹配相应的设备及产线。接单后，就需要依据客户要求，设计生产制程，准备所需要的设备及产线，工程技术部会将产品生产任务分解若干个小的工序作业，对工序进行排序，然后确定所需的设备及产线。

分析 dzzl-01 基板贴装任务，其步骤可分为，手工焊接→机器人焊接→点胶→螺丝锁付等四个部分。

手工焊接。根据焊接 PAD 大小，选择不同的烙铁头和不同直径尺寸的锡丝。烙铁头的选择，能用短不用长；能用扁形，不用圆头；能用直的焊嘴，不用弯的焊嘴；能用粗的，不用细的。

机器人焊接。根据焊接 PAD 大小，选择不同的烙铁头和不同直径尺寸的锡丝。根据 SOP

设定烙铁头温度、焊接角度、送锡丝速度等焊接参数。

点胶。根据点胶位置和胶量，选择不同的点胶头，根据 SOP 设定点胶气压、负压参数、点胶路径等点胶参数。

螺丝锁付。依据螺丝选择正确的批头，选择并调试螺丝供料机，制作螺丝锁付程序：根据作业指导书，设定扭矩，测定锁付扭矩；设定锁付路径，完成锁付程序制作。

为了减少产品在各个环节的滞留时间，尽可能提升产线的产能，需要利用精益生产管理方法，减少生产过程中的过量生产、等待时间、库存等浪费。根据此工位的工时，适当在各工位安排人员，降低各工位的工时，使整条产线的线平衡率达到最高。产线平衡率计算公式如下：

$$产线平衡率=\frac{工位时间之和}{瓶颈工序时间\times工序数}$$

线平衡率越高说明各工位完成单个产品的时间越接近，对产线设备和人员的使用率越高。相反则越低。工位时间之和指的是各个工位的工时总和；瓶颈工位是指用时最大的工位；工序数指工序的数量。见表 1-10，表示的是 dzzl-01 的工序与作业量对应关系。

表 1-10　工序与作业量对应关系

工　　位	零件数量（颗）
手工焊接	44
机器人焊接	1
点胶	1
螺丝锁付	4

手工焊接为此工序中零件数量最多的工位，为了降低手工焊接工位的工时，减少装联错件缺陷率，将手工焊接分为片式元件焊接、IC 元件焊接、BGA 元件焊接和插件元件焊接四个工位，各工位与作业量对应关系，见表 1-11。其中片式元件和插件元件的数量较多，适当安排多名员工进行焊接，降低工位工时，提升产能，提高产线的平衡率。

表 1-11　工位与作业量对应关系

手工焊接工位分解	零件数量（颗）
片式元件焊接	26
IC 元件焊接	2
BGA 元件焊接	1
插件元件焊接	15

基板物料识读法，封装型号和极性；
对照物料清单表，读准识准很重要；
装联层级是指南，生产工序来落实；
生产准备忙到位，生产任务定顺畅。

序号	评价维度		权重	评价情况		
				自我评价	小组评价	教师评价
1	技术性	（1）识别基板元器件 （2）正确识读 BOM 表	0.2			
2	质量性	（3）基板元件的准确性 （4）测量仪器的规范使用	0.2			
3	规范性	（5）按照 BOM 表规范操作 （6）按照行业技术标准执行	0.2			
4	经济性	（7）作业效率最高 （8）形成规范，缩短时间	0.15			
5	环保性	（9） 符合环保标准 （10）电能消耗最低	0.05			
6	创新性	（11）工艺优化有效提升作业效率与品质 （12）有效降低材料损耗	0.1			
7	职业性	（13）敬业，遵守车间工作纪律 （14）协作，按质按量完成工作	0.1			

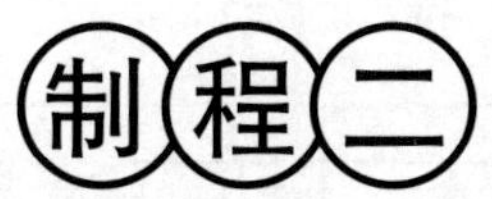

制程二

基板焊接

“基板焊接”制程是“1+X”电子装联职业技能等级标准（初级）第二个学习领域，该领域包含手工焊接元器件、机器人焊接元器件二个典型工作任务。手工焊接元器件任务重点学习阻容元件、LED 元件和 QFP 器件知识与技能；机器人焊接元器件任务重点学习机器人焊嘴安装、机器人焊接温度设定和机器人焊接点目视检查等知识与技能。

任务 1　手工焊接元器件

任务目标

通过手工焊接元器件任务学习，会按照焊接作业指导书，正确选择合适的锡丝，选用专用工具设备，手工焊接阻容元件、LED 元件和 QFP 器件，具备焊接一般元器件等专业能力。

任务描述

在前道工序的基础上，完成 dzzl-01 基板 1 000 片的焊接任务，所需元器件等材料的 BOM 表见表 1-8，样板如图 1-44 所示，具体焊接要求如下：

（1）手工焊接方式，无铅工艺。

（2）焊接缺陷率≤200 PPM。

（3）片式元件料损率不高于 5‰，IC 料损率为 0，基板焊接良好率为 100%。

任务分析

根据工作任务的描述，分析如下：

焊接工艺分析：依据客户无铅焊接工艺选择要求，优选 SAC 305 锡丝。焊接阻容元器件优选智能焊台，焊接贴片 LED 元器件，注意其防裂，优选加热平台，焊接 QFP 器件，注意防静电，选用合适形状及大小的烙铁头。

料损率控制分析：依据客户料耗要求，应合理选用焊接工具，注意静电防护，避免元器件静电损害。

焊接良率控制分析：依据客户缺陷率要求，遵照焊接作业标准，管控元器件封装以及器件极性，确保焊接品质。

任务导图

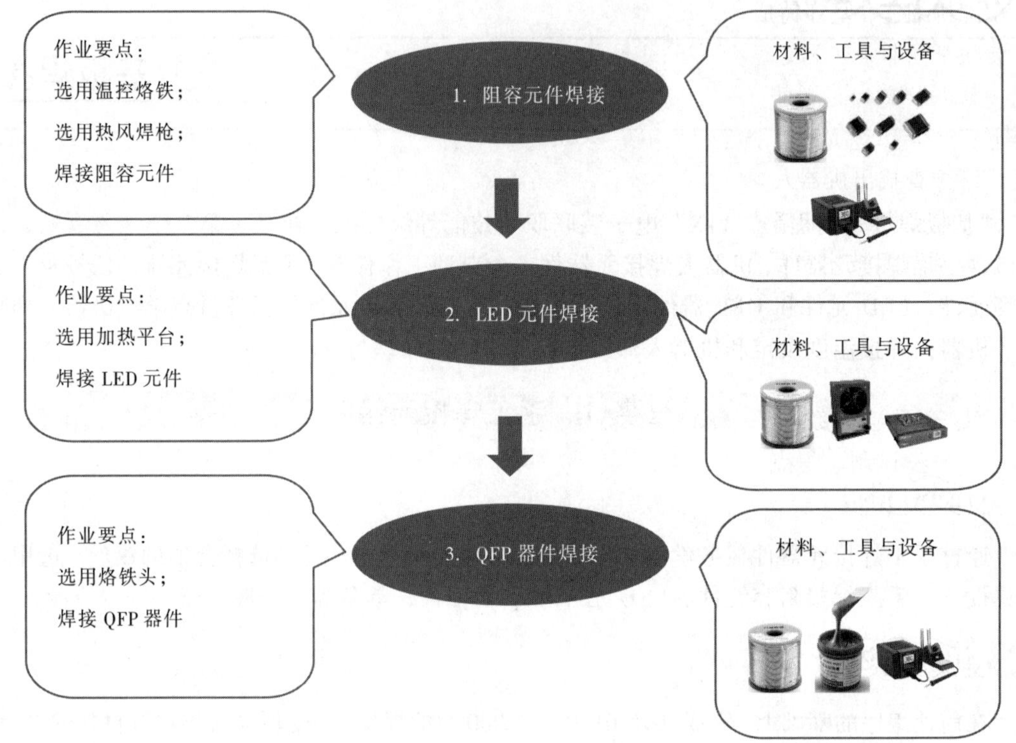

任务先通

匠心一点通

热爱与坚持，成就大师。李某从 18 岁进入南京某电子厂成为一名电子装配焊接工学徒，到第一个以他名字命名的工作室，再到获得南京市五一劳动奖章，李某二十多年如一日，在工作中精益求精，从一名普通员工成长为一名技能大师，他说："成功，源自对工作的那一份热爱"。"电子装配焊接工是一项非常累、非常辛苦的工作"，说起自己的工作，李某一扫脸上的腼腆，开始滔滔不绝：在燥热的流水线一干就是十年，从没要求换过岗，后来调换到返修室，为了追求更高的焊接水平，由于只有初中学历，对一些高难度的焊接技术一无所知，李某付出了常人难以想象的努力，他深知勤能补拙的道理，"别人干一个小时，我就干两个小时"，白天，他一边工作，一边琢磨焊接技术；晚上，他查阅各种资料，拓展自己的理论知识。李某就是这样执着地坚持着、热爱着焊接工作，一步一步从学徒成长为技术大师。

安全一点通

粗心大意，伤害眼睛。2012 年 5 月 8 日晚班 8 时 32 分，在深圳某电子科技有限公司 SMT 车间的返修台上，作业员小李未按作业指导书要求，在返修一个电源的 6300 μF/50 V 大电解电容时，未对焊接完成的电容极性进行检查，也没有按要求佩戴护目镜，就通电试机，瞬间电容发生爆炸，电解液正好飞溅到小李的右眼睛中，尽管当时进行了清洗，并及时送往医院，但最终右眼还是未能保全，导致失明。惨痛教训，应引以为鉴。

质量一点通

深耕细作，坚守铸成功。无锡某电子企业是一家主营某笔记本电脑的公司，2016 年 10 月电子装联车间非常热闹，正在举办“刘某双枪焊头”发明庆祝会。原来，公司在 2015 年 10 月接到一款电脑主板装联任务，生产 3 个月，发现焊接机器人在焊接 1 块 LED 时焊接缺陷率居高不下，给生产品质和工期都带来很大的压力。技能大师刘某为此也很焦虑，仔细琢磨，反复摸索，终于查找出机器人焊接 LED 缺陷产生的原因，是该 LED 是细小元件，与周边元件间距小，限制了焊接机器人的烙铁头上锡操作范围，导致上锡量不足，很容易引起虚焊或偏移等缺陷。刘某带领班组技术员反复商讨，深耕细作，历经 120 个日夜的研制和试验，终于铸成一款双枪烙铁头，一举杜绝缺陷产生，并且在原焊接基础上提高了 2 倍的效率，受到全厂员工点赞。

任务实施

尽管再流焊接、波峰焊接及机器人焊接等已成为现代电子装联主流工艺，但手工焊接在新产品研发试制、焊点返修、补焊等场景下，仍然具有无可替代的优势。

扫一扫

手工焊接准备

作业 1　阻容元件手工焊接

技能 1　焊接材料选用

阻容元件的焊接需要准备常用焊接材料、辅助用具见表 2-1。

表 2-1　常用返修材料、辅助用具

材　　料	图　　示
清洁剂	
助焊剂	
烙铁头、风嘴	
刷子	
防静电镊子	
护眼装置	
含助焊剂的焊锡丝	
耐热并防静电的手套	
吸锡编织带	

1. 焊料选用

阻容元件焊接所用焊料分为有铅和无铅两种合金焊锡丝。

有铅合金焊锡丝，其成分通常为 Sn 63/Pb 37，直径通常选用 0.8 mm 和 1 mm 两种规格。按其焊锡丝内有无助焊剂，可分为空心和实心焊锡丝两种。空心焊锡丝中心充有免清洗的中等活性助焊剂；实心焊锡丝，中心无助焊剂，必须和松香等助焊剂配合使用。在电子行业中，基板组装、微组装技术等领域采用的是 Sn 63/Pb 37 焊锡丝，其熔点是 183 ℃。在高端电子产品焊接时，多用熔点为 178～190 ℃的 Sn 62/Pb 36/Ag 2 焊锡丝，替代 Sn 63/Pb 37 焊锡丝。

无铅合金焊锡丝，按其合金成分主要有：Sn–Cu、Sn–Ag、Sn–Sb、Sn–Ag–Cu 等无铅焊锡

丝。锡丝中铅含量严格控制在 100 PPM 以下，符合国家环保及 RoHS 等标准的要求。按其焊锡丝熔点，又可分为中熔点、高熔点和低熔点三种。如 Sn/Ag 3.0 是中熔点焊锡丝，熔点为 221 ~ 230 ℃，具有焊接效果好、熔点相对较低、润湿性好、拉伸强度好、剪切强度好等优点，但成本较高。Sn/Ag 1/Cu 4 是高熔点焊锡丝，熔点为 217 ~ 253 ℃，通常用于防止铜溶出的高熔点焊接场合。Sn 42/Bi 58 是低熔点焊锡丝，熔点 139 ℃，通常用于低温焊接场合。

焊锡丝选用主要分为三步：

第一步，选合金成分。根据所要组装的产品的可靠性要求以及组装焊接方式，初步确定锡焊料的合金组成。要求高的产品通常需要焊料的各方面的综合性能良好，焊接工艺温度要低，避免或减小对产品的不良影响，成本则是最后考虑的因素。

第二步，选锡丝性能。考虑所要组装产品的可靠性、锡焊料的性能和成本等方面进行锡焊料的初选后，应该让初选锡丝的供应商提供符合国际或国家标准的检测报告，报告含合金化学成分、熔点或液相线、润湿性、力学性能、可靠性能等。应当选用各项指标符合设计要求的焊料合金。

第三步，选锡丝性价比。综合评价选定的锡焊料的表现，包括性能、价格、工艺适用性、可靠性，以及设备、工艺兼容性等，筛选出合适的锡焊料。

2. 助焊剂选用

在电子装联工艺中目前最普遍使用的是：无卤素、中等活性、免清洗的液体助焊剂，在基板组装中禁止使用强酸性，易吸湿的膏状助焊剂。手工焊接一般是采用带助焊剂的空芯焊锡丝。焊锡丝焊接时，会出现松香飞溅现象，要特别加以注意。究其原因，主要有：

（1）焊接时温度过高

无铅焊锡丝的熔点一般为 217 ℃左右，所以烙铁温度一般设置为 280 ~ 300 ℃。如果电烙铁的温度设置高于 300 ℃，容易出现焊锡丝溅弹松香的现象。

（2）焊锡丝的质量问题

如果焊锡丝使用含有水分的松香助焊剂或用回收的杂锡制造，就会出现溅弹松香或是炸锡的现象。

（3）松香的工艺问题

松香生产过程中，出现以下两种情况，容易产生炸锡现象：

没有充分搅拌均匀，引起黏稠状时松香中有细小的气孔，压入挤压机后造成松香内局部位置有细微气泡，从而在焊接时出现炸锡现象；

挤压过程出现问题，松香笔没有顶到位就开始挤压，此时松香笔或锡柱表面的油渍比较多的会渗进到松香内，造成焊接时溅弹松香。

（4）焊锡丝保存出现问题

焊锡丝应放置在阴凉通风处，如果放置在过于潮湿的地方，就很容易受潮，焊接时就会出现溅弹松香或是炸锡的现象。焊锡丝不能放置太久，一般应在 3 个月内使用完比较可靠。

技能 2　焊接工具选用

1. 智能焊台选用

智能焊台的结构大体相同，如图 2-1 所示为 TS 1200 智能焊台，主要是由主机、多功能烙铁架和烙铁三部分组成。

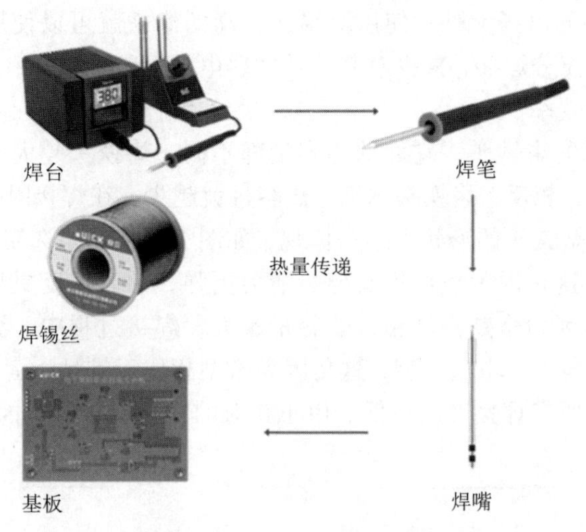

图 2–1 TS 1200 电焊台

选择焊台，一般先考虑烙铁的功率，以此来衡量其性能，认为功率越大便越好，其实这个观念是不正确的。焊台的性能取决于三个方面：一是提供的热量及温度，包含回温速度、热容量、温度准确度；二是焊接温度的管理；三是安全性，包含元件使用安全和使用者操作安全。

回温速度。是指在焊接一个焊点的时候，由于有大量的热量传送到焊点上，烙铁头的温度会稍微下降，当焊接完毕，烙铁头离开焊点的时候，温度应当迅速回升至原有的温度，那么从焊接完毕，到温度回升到原有温度整个过程的速度就称为回温速度。回温速度快和回温速度慢的焊台在连续焊接时差异较大。连续焊接指当完成一个焊点后，马上焊接第二个焊点，如此不停地进行焊接工作。图 2–2 是烙铁头温度随时间的变化关系曲线，表示由室温开始接通电源，待温度稳定后开始进行连续焊接的工作，工作完毕后，待温度回升至设定温度的过程。当焊接第一个焊点时，烙铁头的温度下降，当完成第一个焊点焊接，准备焊接第二个焊点时，温度回升，回温速度慢的烙铁，当进行数个焊点焊接工作后，温度就可能不足了，但回温速度高的烙铁就能在连续焊接时保持稳定的温度输出。

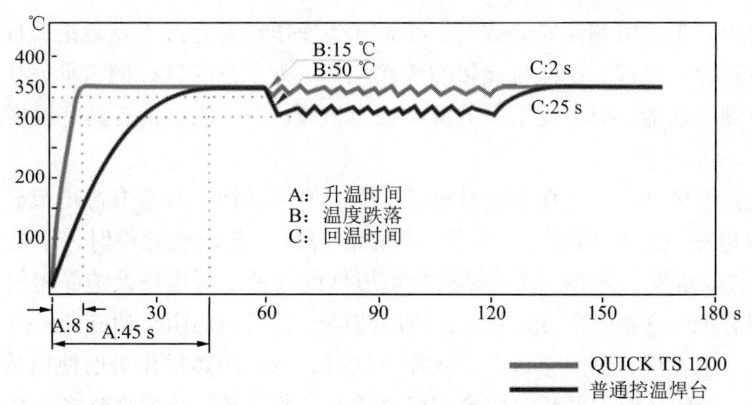

图 2–2 烙铁头温度随时间变化关系曲线

如果进行间断式一两个焊点焊接，回温速度快慢不是很明显，但是，如果做连续焊点焊接，就需要特别关注回温速度。因为，如果使用回温速度低的烙铁进行连续焊接，就要设置成高

温，但高温会破坏敏感的电子元件；使用回温速度高的烙铁就可以使用低温焊接。快速回温即使在低温下，也可以充分焊接，减少对基板及敏感电子元件的破坏，延长烙铁头寿命，并且能增加连续焊接的工作效率。

热容量。大小不同的烙铁头，它们的热容量都不同。烙铁头越大，热容量越大，在焊接时，热的散失相对越少，相反，烙铁头越细，热容量就越少，在焊接时，热的散失就会相对越多。热容量大小是通过烙铁头的形状大小来体现，如图 2–3 所示。选用烙铁头，首先，优选短烙铁头，选短不选长，这是因为短烙铁头导热能力更强，回温速度更快；其次，优选粗烙铁头，选粗不选细，这是因为烙铁头越粗，热容量越大，焊接过程中，温度变化越小，焊接质量更加稳定；还有优选凿型，不选锥型，这是因为凿型相比于锥型，凿型的接触面积较大，上锡面更大，导热更好，所需焊接温度更低。由于相对的铁镀层较厚，因此使用寿命更长。

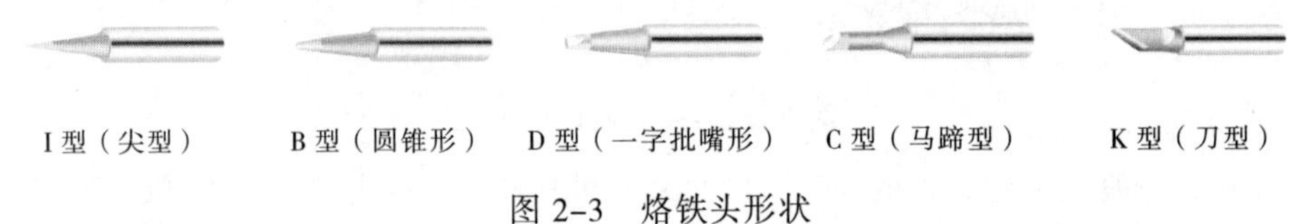

图 2–3　烙铁头形状

温度准确性。焊接电子元件越来越细小及精密，对温度的要求越来越严格，所以烙铁的温度准确性也相当重要。如果设定的温度与烙铁头的实际温度有差别时，就是电烙铁的性能有问题或损坏，其实并不是这样。烙铁头温度与实际温度的相差主要受烙铁头的大小及形状、烙铁头及发热芯的损耗两个因素影响。烙铁头大小及形状直接影响烙铁头温度，例如，某一系列的烙铁头 A，换同系列的烙铁头 B 后，即使设定温度不变，它们的实际温度也会不同。如果焊接工作需要经常更换不同形状的烙铁头，就需要使用温度校正仪校准烙铁头温度。烙铁头及发热芯的损耗影响烙铁头温度，烙铁头的热量来自发热芯，传热过程中如出现阻碍，烙铁头的温度就会降低，如果发热芯或烙铁头接触的地方氧化，就会使传热效能降低，所以必须注意烙铁头的保养。由于发热芯及烙铁头工作一段时间后会产生氧化物而使烙铁头温度改变，所以为确保长时间工作仍有准确的温度，必须定期校正温度。在更换发热芯或烙铁头时，因新与旧的差异，所以为了确保准确的温度，也必须进行校正。

焊接温度管理。在使用调温的烙铁时，可能有些操作员有意或无意地把温度改变，改变后没有把温度调回到原来温度，这样可能影响焊接工作，为了避免这样的情形发生，调温烙铁必需配备温度调节锁定功能，把已设定好的温度锁定，焊接时，优选带有具有温度调节锁定功能的烙铁。

焊接安全性：焊接时，烙铁直接接触电子元件，如果烙铁本身带有静电或感应电压大，就会损坏一些对静电或电压敏感的电子元件。所以在焊接一些敏感元件时，就要选择带有防静电功能（ESD）的电烙铁。另外，要选择感应电压低的烙铁。低电压及绝缘阻抗值高的发热材料能使电焊台拥有低于 2 mV 的感应电压；使用防静电材料表面阻抗值在 $1\times10^{5}\sim1\times10^{9}\ \Omega$之间时，即使焊接敏感元件，也安全可靠。选择烙铁时，也要照顾操作员的使用情况，如果在生产线上进行焊接，操作员便需要长时间拿着烙铁进行焊接工作，这样烙铁本身外形上的设计就十分重要，如果烙铁本身过大或过重会使操作员感到疲劳或不适，使工作效率降低。一支手柄特别轻巧、舒适及容易控制的烙铁，能长时间使用而不感疲劳，从而提高工作效率。另外，使用低电压发热芯能避免因漏电而发生触电。

2. 焊台操作使用

焊台操作使用分设三个步骤：

第一步，选择合适的烙铁。依照元件焊盘大小，选用尺寸相配的烙铁。

第二步，设定温度数值。按焊接的元件以及基板材质，根据焊点类型设定合适温度，对于常见的阻容元件，如果选用 TS1200 焊台焊接时，建议参数设置温度 350 ℃。

第三步，校准温度。在校正烙铁头温度时，一般都会在某一特定的温度来做校正，但校正以后如果把温度调到其他温度时，温度会有所偏差，一些电焊台能把这个偏差保持在 ± 2 ℃以内。

准备好温度测温仪，将温度传感器的红色终端套在测温仪的（+）端、蓝色端套在测温仪的（-）终端。打开焊台电源，点击℃/℉按键设置温度单位。焊台设定 350 ℃（可选择焊接工艺要求温度如 360 ℃、375 ℃、380 ℃等），在烙铁头加上新的焊锡，让烙铁头借助熔化的焊锡充分接触温度传感器的中心点，等待 2 ~ 3 s，待温度测试仪数值稳定，测量出烙铁的实际温度值，如图 2-4 所示。注意：请定期更换温度传感器，传感器的更换标准大约为测量 50 次左右。

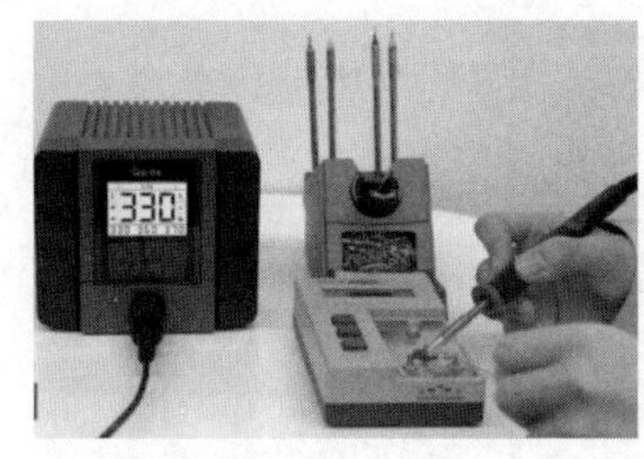

（a）测试方法

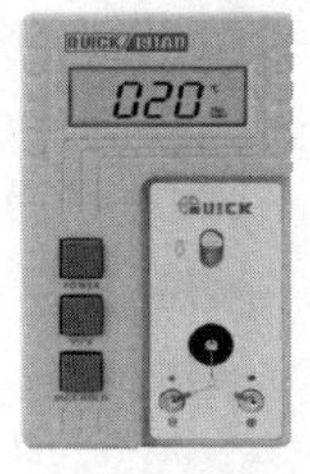

（b）温度测试仪

（c）温度传感器

图 2-4　焊台温度设定

3. 热风枪选用

热风枪，简称风枪，又叫焊风枪，如图 2-5 所示，它是一种适合于贴片元器件拆卸的工具。

图 2-5　热风枪结构示例

目前，有许多智能化的风枪具有恒温、恒风、风压温度可调、智能待机、关机、升温、电源电压的适合范围宽等特点。热风枪的结构主要由手柄组件、发热器（芯）、风枪嘴、调风、调温装置等组成。热风枪手柄有的采用了特种耐高温高级工程塑料，耐温等级高达 300 ℃；调风装置采用的鼓风机部分有的采用了寿命 30 000 h 以上的强力无噪声鼓风机，满足大功率螺旋风输出，热风枪嘴，有的采用螺旋式的拆卸结构，发热器（芯）有的采用特制可拆卸的更换式发热芯。不同的热风枪工作原理基本相同，是利用微型鼓风机做风源，用电发热丝加热空气

流，并且使空气流的热度达到高温 200 ~ 480 ℃，即可以熔化焊锡的温度，然后，通过风嘴导向加热要焊接零件、在目标作业区进行工作，另外，为了适应不同的工作环境，达到目前一般电路实现测控稳定温度的目的，有的还通过安装在热风枪手柄里面的方向传感器来确认手柄的工作位置，以确定热风枪处于不同工作状态：工作、待机、关机。

热风枪使用应注意四个问题：

第一，热风枪放置。放置热风枪，风嘴前方 15 cm 不得放置任何物体，尤其是可燃性液体（清洗剂、乙醇、丙酮、三氯甲烷等）。

第二，无铅焊锡风枪参数设定。焊接无铅焊点时，一般温度设定为 300 ~ 350 ℃、风量为 60 ~ 80 级。

第三，风嘴选配。根据实际焊接部位大小，来安装相应的风嘴，具体见表 2–2。

表 2-2　风嘴类型选择表

风 嘴 名 称	风 嘴 图 片	风 嘴 用 途
通用风嘴		阻容元件，小型 IC 类元器件
SOP 风嘴		IC 类双边引脚元器件
QFP 风嘴		QFP 专用的四边引脚元器件

第四，风压选择。根据实际焊接环境来选择相应的风压，具体见表 2–3。

表 2-3　风嘴风压与焊接环境选对关系表

应 用 环 境	风　　压	说　　明
小元件	低风压	风压太高，强风容易吹移元器件位置，甚至影响周边元器件
中型元件	高风压	高风压可以补偿散热面积大的热量损失
大元件	最高风压	风压太低，低风压无法补偿快速的热量损失

技能 3　阻容元件焊接

用热风枪吹焊阻容元件，一般选用小风嘴，热风枪的温度调至 2 ~ 3 档，风速调至 1 ~ 2 档，待温度和气流稳定后，便可用镊子夹住小贴片元件，使热风枪的风嘴离欲拆焊的元件 2 ~ 3 cm，并保持笔直，在元件的上方向，均匀加热，待元件周围的焊锡熔化。

用烙铁焊接阻容元件，要将元件定位放正，再加锡焊接。如图 2–6 所示，用镊子小心夹住器件，如果器件太小，在放大镜下旋转器件，定位好器件，尽量用镊子固定好器件，用烙铁给器件两端加锡焊接。

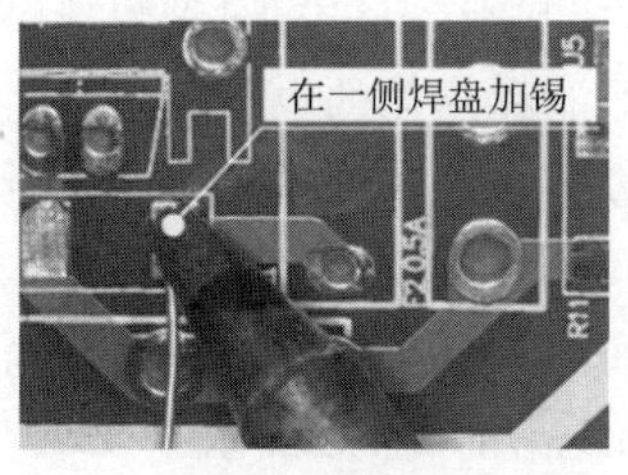

(a) 在一侧焊盘加锡

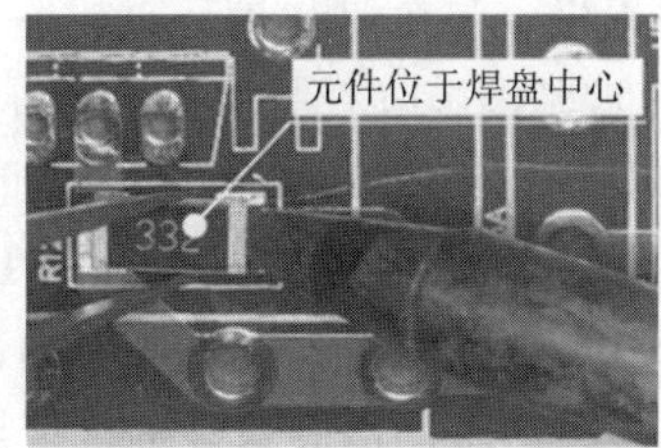

(b) 元件位于焊盘中心

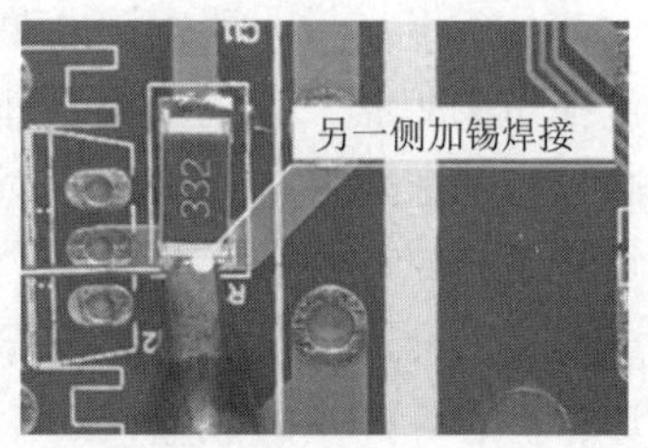

(c) 另一侧加锡焊接

图 2-6　烙铁给器件两端加锡焊接

焊接过程中，要正确处理以下三种情况：

第一，焊接阻容元件防开裂处理。由于阻容元件受到温度冲击时，容易在焊端前端产生裂纹。而小尺寸阻容元件比大尺寸阻容元件防温度冲击要好许多。因此，在手工焊接阻容元件时，如果没有配备预热平台，可以采用对阻容元件两端循环加热的方式，如图 2-7 所示。如果配备预热平台，可以采用底部加热来合理地缓冲温度冲击，保证焊接过程的有效性、可靠性。

图 2-7　阻容元件两端循环加热

第二，焊接元件周边位置狭小处理。根据阻容元件在基板位置，选择合适的焊接技术，如果有足够空间施放烙铁头和锡丝时，优选电烙铁焊接；如果焊点区域没有施放烙铁的位置或焊点在底部，烙铁无法焊接，耐温无特殊要求时，优选热风枪返修。如果器件较小，光用普通电烙铁难以焊接，肉眼也难以识别，需要使用特制工具，如显微镜、镊子型烙铁头、尖嘴镊子进行辅助操作。

第三，焊盘清洁处理。焊盘表面脏污氧化和杂物，需用助焊膏涂敷清洗，可重复 2 ~ 3 次清洗，如图 2-8（a）所示。检测清理。检查周边锡球、助焊剂等残留物，并清理干净，如图 2-8（b）所示。

(a) 助焊膏清洗焊盘

(b) 清洁焊盘周边锡珠

图 2-8　焊盘清洁

作业 2　LED 手工焊接

技能 1　LED 器件识别

LED，是英文 Light Emitting Diode 缩写，是发光二极管的简称，是一种固态的半导体器件，它可以直接把电能转化为光能。LED 的心脏是一个半导体的晶片，晶片的一端附着在一个支架上，是负极，另一端连接电源的正极，整个晶片被环氧树脂封装起来。片式 LED 焊接，主要包括引脚焊接、大功率铜基座底部焊接。LED 是电能转换成光能和热能的电子元器件，所以必须施加正常的电流和电压才能工作，而芯片的正负极是通过金线连接到支架引脚，所以必须将引脚正确焊接到基板上。因此，引脚焊接解决的是片式 LED 导电通道的问题；片式 LED 在点亮后，会产生大量的热，若热量没能及时传导到外界，内部的 PN 结温度会不断地升高而损坏，而芯片产生的热量，90%左右都是通过基板基座进行传导的，所以一定要做好 LED 铜基座的焊接，铜基座底部焊接解决的是片式 LED 散热通道的问题。

技能 2　LED 器件手工焊接

LED 的焊接主要有手工烙铁焊接和再流焊接两种，手工烙铁焊接适用于所有类型的片式 LED，而再流焊接只适用于倒模封装的片式 LED，留待后续讨论。

手工烙铁焊接 LED，不论是有铅锡丝还是无铅锡丝，建议焊接温度都不要超过 320 ℃，焊接时间控制在 1 ~ 3 s，否则烙铁的高温会对芯片的 PN 结造成损伤。

烙铁焊接过程中，一定要规范操作，如图 2-9 所示。为避免烙铁头烫伤支架，或受热冲击导致 LED 产生裂纹或损坏，烙铁头靠近焊端底部焊接，且电烙铁一定要接地。

为了取得良好的导热效果，LED 焊接时，在 LED 铜基座底部和基板之间可涂覆一层导热硅脂，涂覆时要薄而均匀，导热硅脂不能少，但也不能过多。

LED 器件手工焊接工艺步骤分设烙铁头选用、手工施焊、冷却焊点、清洁焊盘四个工序。

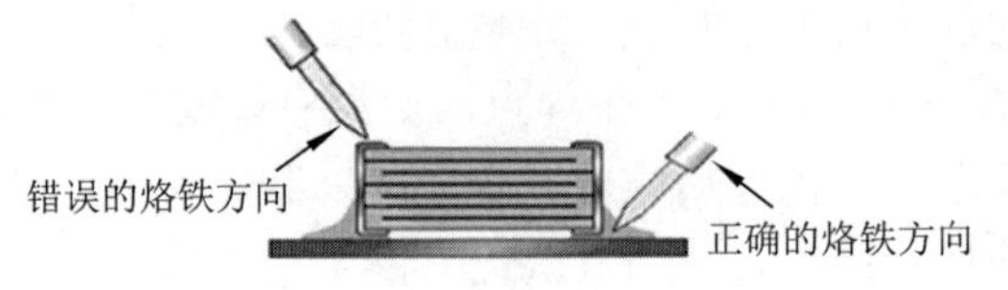

图 2-9　焊接 LED 烙铁施焊位置图

扫一扫

烙铁头选择与维护保养

1. 烙铁头选用

烙铁头选择依据 LED 器件焊盘的大小确定其功率大小和型号，表 2-4 是烙铁头和焊盘大小推荐。

表 2-4　烙铁头和焊盘大小推荐

焊盘直径 D（mm）	功率（W）	推荐型号		
≤1	60 ~ 120	0.8 C	1.0 C	1.2 D
1 ~ 2	60 ~ 120	2.0 C	1.2 D	2.0 D

续表

焊盘直径 D（mm）	功率（W）	推 荐 型 号		
2 ～ 5	90 ～ 150	2.4 D	3.2 D	3.5 D
5 ～ 8	150 ～ 300	5.0 C	6.0 C	8.0 C
≥8	150 ～ 300	500-K	503-K-01	503-K-02

2. 手工施焊

LED 器件手工施焊采用点锡焊接法。点锡焊接法又称为五步焊接法，如图 2-10 所示，是手工焊接最常用的焊接方法。

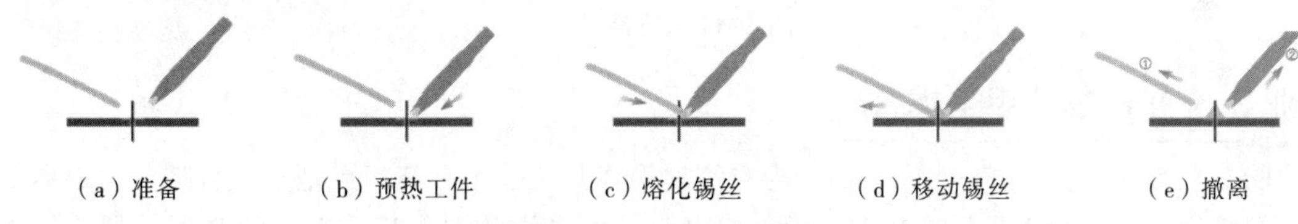
（a）准备　（b）预热工件　（c）熔化锡丝　（d）移动锡丝　（e）撤离

图 2-10　点锡焊接法

第一步，准备。准备好焊锡丝和烙铁，此时要特别强调的是烙铁头部要保持干净，即可以沾上焊锡（俗称吃锡）。左手拿焊丝，右手拿烙铁对准焊接部位，如图 2-10（a）所示。

扫一扫

手工焊接

第二步，预热工件。将烙铁头接触焊接点，注意首先要保持烙铁加热焊件各部分，例如元器件引线和基板焊盘都要使之受热，其次要让烙铁头的扁平部分接触热容量较大的焊件，烙铁头的侧面或边缘部分接触热容量较小的焊件，以保持均匀受热，如图 2-10（b）所示。

第三步，熔化锡丝。当焊区加热到能熔化焊料的温度后将锡丝置于焊点处，焊料要加在烙铁头和连接部位的接合处，焊料要适量，如图 2-10（c）所示。锡丝应该带动熔融的焊料移动到烙铁头的对面，保证焊料覆盖住连接部位并形成半弓状向下凹的焊点形状。对于基板通孔，应使焊料从基板通孔的焊接侧流向元器件一侧，保证通孔被焊料润湿并填充。焊点允许有轻微凹陷，但凹陷量应小于包括基板两面焊盘厚度在内的板厚的 25%，焊点润湿状态必须良好。

第四步，移动锡丝。当熔化一定量焊料后将锡丝移开，如图 2–10（d）所示。

第五步，撤离。当焊料完全润湿焊点后移开烙铁，注意移开烙铁的方向应该是大致 45°的方向，如图 2–10（e）所示。

3. 冷却焊点

焊点的冷却不应受到任何外力作用，否则可能会扰动焊点。让焊点在室温下自然冷却，严禁用嘴吹或用其他强制性冷却方法。当焊接时采用了镊子或其他工具固定的时候，一定要等焊料凝固之后再移走固定工具。

4. 清洁焊盘

焊接后，对基板上有明显可见的助焊剂残留和脏污，须先采用沾有清洁剂的毛刷对该部位进行刷洗，而后再用无尘布擦干。如果需要清理的空间很小，用上述方法难以操作的话，可以将镊子尖部先后裹上胶纸和无尘布再沾上清洗剂进行清洗、擦干。焊接后，对基板上的焊料球，即锡珠和锡渣的清洗首先用不锈钢镊子去除颗粒较大的，注意不能用力过大，以免划伤基板和元器件，然后再用毛刷去除颗粒较小的，如图 2–11 所示。

（a）镊子去除大锡珠

（b）毛刷去除细小锡珠

图 2–11　清洁焊盘

作业 3　QFP 芯片手工焊接

QFP（Plastic Quad Flat Package）为方型扁平式封装技术，其特点是芯片引脚之间距离很小，管脚很细。一般大规模或超大规模集成电路采用这种封装形式。焊接 QFP 时，要采取防静电措施，以免损坏。

技能 1　QFP 静电防护

对静电敏感的器件称为静电敏感表面元器件（static sensitive device，SSD）。QFP 是典型的 SSD 器件，在生产使用过程中，要做好预处理、贴装、焊接过程中的静电防护。

1. 预处理过程静电防护

QFP 焊接预处理，必须在具有“静电释放”的工艺设施环境中进行，加工设备、仪器、工作台面应接地良好，操作人员应正确佩戴腕带（腕带应直接套在手腕皮肤上）；对 QFP 进行擦、写及信息保护操作时，应将擦/写器可靠接地，正确拾取。

2. 焊接过程静电防护

QFP 在基板上贴装、焊接均应在 EPA 区内进行；所用工艺装备均应直接接入地线。贴装过程中，SSD 应存放在导电或静电盒内，尽量避免放在防静电桌面上；将基板放置在维修区，并采用有效的离子风机，去除静电；在贴装 SSD 时，应注意避免接触引脚；在工作台上作业时，应注意防止 QFP 与台面发生相对运动。

技能 2　QFP 焊接工具准备

（1）锡丝：直径为 0.4 mm 或 0.5 mm。

（2）电烙铁：顶部的直径在 1 mm 以下。

（3）热风拆焊台：选择对应功率的热风拆焊台。

（4）助焊剂：首选助焊笔，可用松香代替（需将松香压成粉末并涂在焊接处）。

（5）吸锡带：宽度为 1.8 mm 左右，用于清理多余的焊锡。

（6）放大镜：最小为 10 倍，可根据自己的实际情况选用头戴式，台灯式或手持式。

（7）清洁剂：酒精，含量≥99.8%。

（8）镊子：两端尖头。

（9）硬毛刷：非金属材料，用于基板的清洗工作。

ESD 桌垫及 ESD 腕带准备：两者都要良好接地；压缩干燥空气或氮气，用于干燥基板；光学检查立体显微镜 30~40 倍率。

技能 3　QFP 手工焊接

QFP 手工焊接分设清洁焊盘、置放元件、固定焊盘、检查对位、焊接元件、清洁焊盘、检查焊点等七个步骤。

第一步，清洁焊盘。如果是新基板，用酒精刷洗焊盘并将基板进行干燥，如果是返修，清理焊盘一般用烙铁头加热吸锡带，然后用烙铁头带动吸锡带进行清锡处理。

第二步，置放元件。用镊子或其他安全的方法小心地将新的 QFP 器件放到基板上，用镊子推动 QFP 芯片，使其与焊盘对齐，如图 2-12（a）所示，尽可能对得准确一些，要保证元件极性和焊盘极性一致，如图 2-12（b）所示。

（a）推动 QFP 对齐焊盘

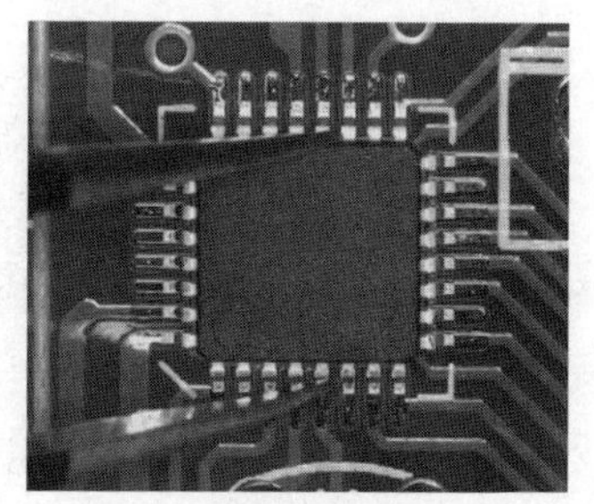
（b）QFP 对准焊盘极性标记

图 2-12　QPF 置放焊盘

第三步，固定焊盘。把 QFP 固定到焊盘上。将焊台温度调到 385 ℃。用一个木棒或其他工具向下按住已对准位置的 QFP 芯片，如图 2-13 所示。在 QFP 芯片的两个对角位置的引脚上加少量的焊剂，用烙铁尖沾上少量的焊锡的烙铁焊接 QFP 芯片的两个对角位置的引脚，固定住 QFP，使其不能移动。此时不必担心加过量的焊锡或两个相邻引脚发生桥连，等 QFP 芯片焊接完成了，可以将多余的焊锡清除。

第四步，检查对位。在焊完 QFP 对角后，重新检查 QFP 的位置对准情况，如有必要，进行调整或拆除并重新在基板上对准位置。

第五步，焊接元件。将所有的 QFP 引脚涂上助焊剂，使引脚保持湿润。在烙铁上加上足量的焊锡，沿着 QFP 一侧的引脚拖动烙铁，使焊锡流入 QFP 引脚和焊盘之间，完成此侧引脚焊接；重复上述动作，完成其他三侧引脚焊接。在焊接时，防止因焊锡过量发生桥连，要保持烙铁尖与被焊引脚并行，如图 2-14 所示。

图 2-13　焊接 QFP 对角两脚

图 2-14　烙铁尖与引脚保持并行

第六步，清洗焊盘。焊完所有的引脚后，用助焊剂浸湿所有引脚，以便用异丙基酒精对引脚焊锡进行清洗。清洗时，硬毛刷只能沿引脚方向擦拭，如图 2-15（a）所示，操作时，用力要适中，不要过分用力，要用足够的酒精在 QFP 引脚间仔细擦拭，直到焊剂消失为止。如果还有多余的焊锡，需要用吸锡带吸除多余的焊锡，以消除任何桥连，如图 2-15（b）所示。

（a）硬毛刷清洗方向

（b）吸锡带清洁焊锡

图 2-15　清洁焊盘上锡渣

第七步，检查焊盘。用肉眼检查 QFP 芯片焊接情况，如图 2-16（a）所示。必要时，用 4 倍或更高倍数的放大镜检查 QFP 芯片的引脚是否桥连，如图 2-16（b）所示。焊点的标准是焊锡搭接应在每个器件引脚与基板之间有一个平滑的熔化过渡，如果不满足这种形状，有可能虚焊，需要重焊。外观效果如图 2-16（c）所示。

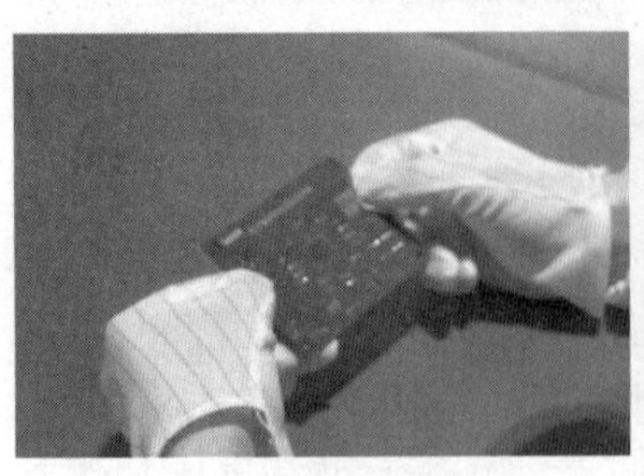

（a）目视检查

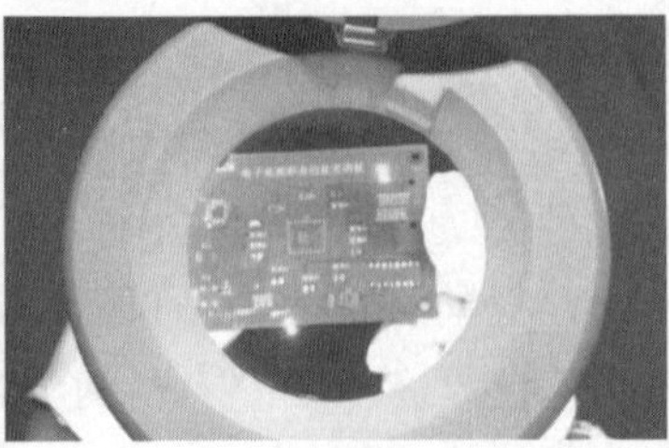

（b）显微镜检查

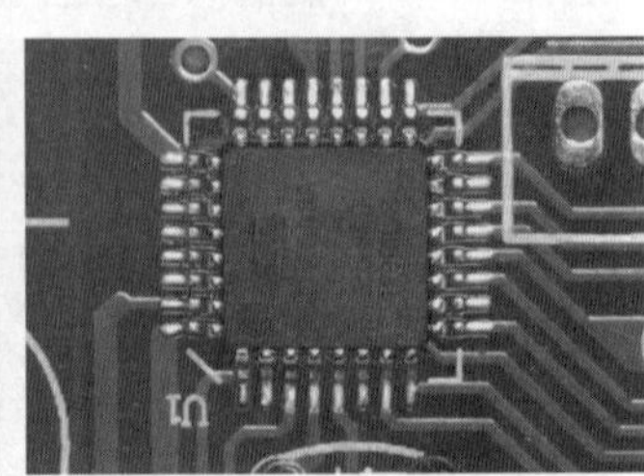

（c）完好焊点

图 2-16　QFP 焊点检查

任务要诀

匠心焊接苦里练，工具选用看器件；
乱套乱用不可取，就像山伯配织女；
焊接操作重规范，静电防护第一要；
焊接要领有五步，光滑饱满好焊点。

工作评价

序号	评价维度		权重	评价情况		
				自我评价	小组评价	教师评价
1	技术性	能用一项或多项技能集成完成手工焊接工作	0.2			
2	质量性	焊接工艺质量符合作业标准要求，缺陷率在允差之列	0.2			
3	规范性	焊接步骤依循焊接作业标准及相关安全操作规程	0.2			
4	经济性	作业效率达到作业工艺要求，焊料应用符合生产作业要求	0.15			
5	环保性	焊丝等材料选用符合使用标准	0.05			
6	创新性	对作业方法、材料使用、工具操作有思考、见解	0.1			
7	职业性	敬业、守纪，合作、执行力强	0.1			

任务 2　机器人焊接元器件

机器人焊接，也称为自动化焊接，主要提高焊接速度，对于重复的焊接减轻作业人员的劳动强度。如连接器、排线、细小的线缆、音箱和马达等。

扫一扫

工艺介绍

任务目标

通过机器人焊接任务学习，会安装机器人焊嘴、设定机器人焊接温度，目视检测焊接品质缺陷，具有独立完成机器人焊接生产作业的能力。

任务描述

在前道工序的基础上，完成 dzzl-01 基板 1 000 片的焊接任务，所需元器件等材料的 BOM 见表 1-8，焊接样板如图 1-44 所示，具体焊接要求如下：

（1）采用机器人焊接，无铅焊锡丝。

（2）焊点位号 J 4，焊接元件五芯插座 XH 5 A/环保/E 241222。

（3）料损率为 0，基板焊接良好率为 100%。

任务分析

根据工作任务的描述，分析如下：

产品特征分析：观察 dzzl-01 基板所需焊接元器件为小插座插件，根据元器件引脚，焊盘尺寸，散热量以及相邻器件布局等，选用相应的烙铁头和锡丝，要注意烙铁头大小选用尽量避开周边元器件，避免对周边元器件造成损伤。

焊接工艺要求分析：依据焊接工艺要求，结合生产效率要求，要控制好温度范围，重点关注烙铁头的设定温度和实际温度的区分。

焊接质量控制分析：依据焊接质量要求，要精准定位焊接位置，控制好焊接温度、送锡量、送锡速度、焊接延时等焊接参数，保证焊锡量，避免少锡、连锡等缺陷产生，重点关注焊接温度，焊接延时，避免烫伤产品、拉尖、虚焊等缺陷产生。首件产品目检出焊接缺陷后，调整好焊接参数，消除连锡、少锡、虚焊等焊接不良。

任务导图

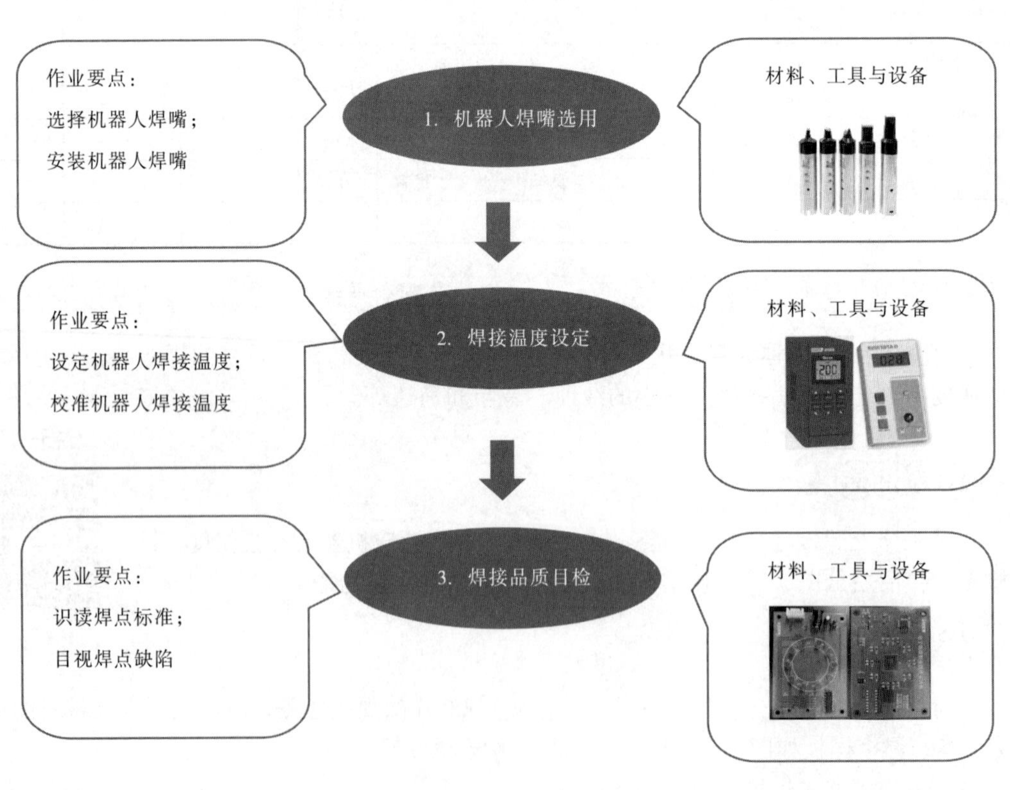

任务先通

匠心一点通

苦熬 30 个日夜，只为多焊两个点。机器人焊接大大提高工作效率和生产效率。2016 年 9 月，某装备股份有限公司冯某团队接到客户郑州某电子公司的要求，为生产一批海外订单，急需 30 天内，在原焊接机器人焊嘴基础上，定制一款能同时在一个线度上焊接 3 个相同连接器的三连焊嘴，好心人劝导冯某，时间紧，订单产品精度要求高，还是不要领这个活，免得坏自己名声。可冯某怀揣“客户的需求就是公司最高利益”信条，依然接下订单，带领团队反复研究、试验，30 个日夜未出研究室大门，终于成功研制出三连焊嘴，极大地提升了客户的焊接效率和焊接品质，得到了客户高度认同，公司被客户授予“最佳供应商”称号。

安全一点通

违规操作未沟通，小小按键酿事故。2018 年 11 月，在苏州某电子科技有限公司 PCBA 车间，一批新员工即将入职。李某对新员工进行焊接机器人培训。首先进行结构介绍，李某一一对设备各部件进行介绍，当介绍焊嘴时，设备突然移动，导致焊嘴划伤李某的手。经调查，原来是新员工小王出于好奇心，拿下示教盒进行操作按键，致使设备移动；同时，李某在讲解结构时未对设备进行断电或者按下急停处理。最后，以此事例对全公司进行安全操作教育。小小疏忽，导致人员受伤。

质量一点通

私改参数，批量缺陷产生。2017 年 9 月 10 日凌晨 4 时 25 分，在深圳某电子科技有限公司 PCBA 生产车间 ，因生产延误，操作员小高为了追赶产能，私自将焊接时间参数修改减少，并且未记录及通知技术人员，并持续进行了半小时产品焊接，直到质检人员抽检发现大批量的虚焊。经调查才发现小高未按 SOP 作业并私自修改参数。耗费 16 个工时进行返修，导致了交期延误，造成了不可估量的损失。

任务实施

机器人具有生产柔性好、质量一致性、生产效率高、生产品质可控、运行成本低等特点，因此将会是未来的一个必然选择。在机器人焊接任务中，主要学习“机器人焊嘴安装、机器人焊接温度设定、机器人焊接点目视检查”等三个作业相关知识与技能。

作业 1　机器人焊嘴安装

扫一扫

设备介绍

焊接机器人按其旋转自由度可分为三轴、四轴、五轴等，四轴焊接机器人能基本满足一般产品的平面焊接要求，下面以四轴机器人焊接设备 ET9384 EX 为例，外形如图 2-17 所示。

焊接机器人各主要部分功能见表 2-5。

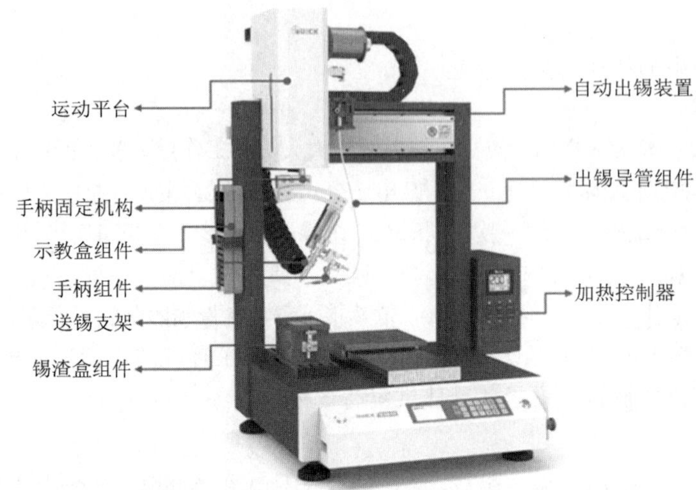

图 2-17　四轴焊接机器人

表 2-5　四轴焊接机器人典型装置及功能

序号	名　　称	图　　例	功　　能
1	运动平台		四个自由度能基本满足一般产品的平面焊接要求
2	手柄固定机构		可自由调整焊接方向
3	示教盒组件		编程示教器
4	手柄组件		高频加热使烙铁头升温
5	送锡支架		调整送锡方向
6	锡渣盒组件		清洗，收集烙铁头上残留锡渣
7	自动出锡装置		控制焊锡丝出锡，控制精度（±0.1 mm）
8	出锡导管组件		引导锡丝送出至烙铁头
9	加热控制器		控制烙铁头温度，控制精度（±3 ℃）

技能1　焊嘴安装

扫一扫

焊嘴选型与更换

机器人焊嘴是影响焊接质量的关键因素,此作业将重点学习安装焊嘴的方法。

1. 焊嘴结构

焊嘴主要由无氧铜、镀铁层、镀铬层、镀锡层构成。结构图和剖面图如图 2-18 所示。

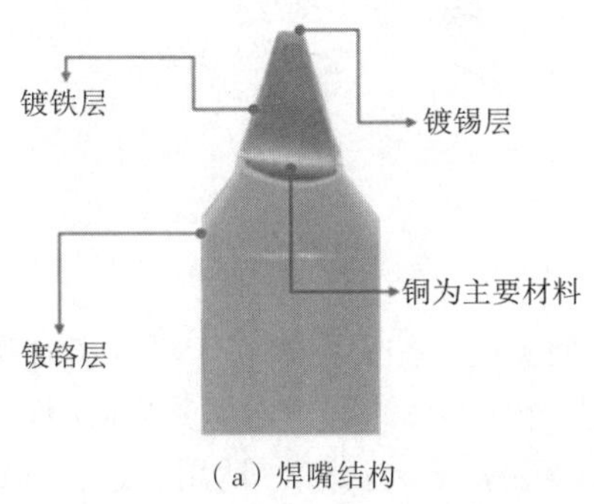

（a）焊嘴结构

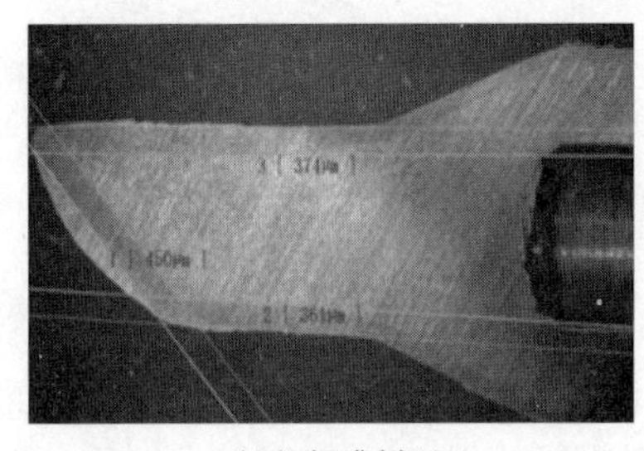

（b）焊嘴剖面

图 2-18　焊嘴结构及剖面图

焊嘴材料主要成分是铜，铜的导热性较好，可更快的传导温度。为防止铜高温氧化或腐蚀，在铜焊嘴头部镀上一层镀铁层，隔离铜材，起耐磨作用；为防止不必要的爬锡，保证烙铁头上锡尺寸不变化，在焊嘴中部镀上铬层；为保证烙铁头可靠熔锡，在焊嘴镀铁层表面镀上一层锡，称上锡层，其中，镀锡层又可分为上锡面和工作面。上锡面为送锡处，工作面为焊嘴与焊盘接触的部位。对于普通焊嘴而言，其上锡部位既是工作面又是上锡面。以下举例说明三种焊嘴的镀锡层，如图 2-19 所示。

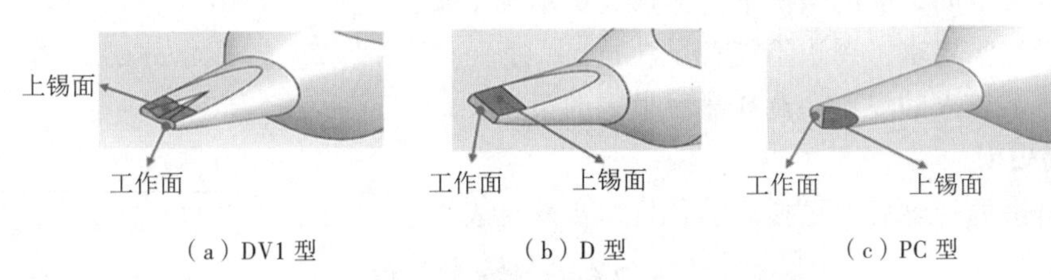

（a）DV1 型　（b）D 型　（c）PC 型

图 2-19　机器人焊接焊嘴镀锡层

焊嘴尺寸，是指焊嘴端的直径大小或宽度。焊嘴尺寸用数字直接表示其规格，默认单位 mm。如：08 表示 0.8 mm，24 表示 2.4 mm，118 表示 11.8 mm。

行业对于焊嘴命名没有统一方法，但一般企业有企标。以某工厂的 N 型焊嘴为例，其命名规则如图 2-20 所示。

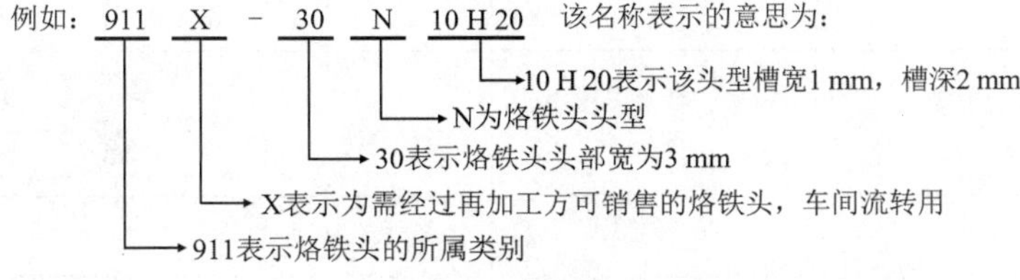

图 2-20　焊嘴命名规则

在实际生产过程中，焊嘴头型是多样化的，可分为 D、DV1、DV2、P、PC、PCV、PCQ、R、L、N、M 、I、B 等头型，如图 2–21 所示。在实际生产过程中，常用的焊嘴有四种类型，分别是 D 型头、DV1 型头、DV2 型头、PC 型头四种。以下做分别介绍。

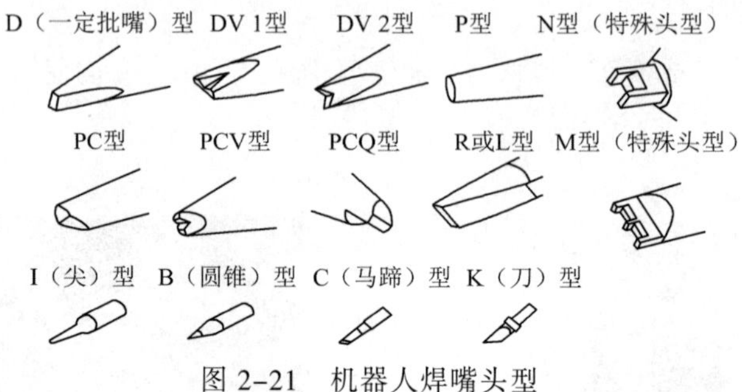

图 2–21　机器人焊嘴头型

D 型头。用于侧面拖焊、扁平针脚的点焊。D 型头用于侧面拖焊在于可以实时观测锡的流淌，扁平针脚点焊时可以利用 D 型头的平面（上锡面）紧贴针脚，增加受热面积。

DV1 型头。该焊嘴在 D 型焊嘴的基础上增加 V 型槽（不穿透）。适用于过孔插针的焊接，编辑焊点位置时，焊嘴 V 槽可将针脚包裹在其中，加快热传导的速度完成焊接。V 槽对熔化锡的流淌起引导作用，使熔化锡快速地从焊嘴流入焊盘。

DV2 型头。该焊嘴在 D 型焊嘴的基础上增加 V 型槽（穿透）。多用于焊接线材，其优势在于焊接线材时，焊嘴可以同时对线头和焊盘加热，满足工件同时受热的需求。

PC 型头。PC 型焊嘴底部工作面较大，外形粗壮，热容量充足。常用于平面焊盘的加锡，受热迅速，焊接更快更稳定。

焊嘴选取原则如下：

（1）在焊接空间足够的情况下，能选大头不选小头；

（2）焊接空间要求：周边不能有干涉；

（3）对于散热大的焊点，选择热容量大的头型。

技能 2　焊嘴更换

选型好合适的焊嘴后，更换焊嘴，具体步骤见表 2–6。

表 2-6　焊嘴更换步骤

步　　骤	图　　例
第一步，调节螺丝，使出锡针嘴远离手柄	
第二步，用开口扳手拧开手柄上的外罩螺母	
第三步，把选择好的焊嘴，卡口对准位置，插进手柄中，并检查手柄是否插到位	
第四步，用手拧紧手柄上的外罩螺母即可	

特别需要提醒，更换焊嘴时，焊台切记不能打开，防止出现安全事故。

作业 2　机器人焊接温度设定

扫一扫

锡丝选型

机器人焊接温度设定作业包含设定焊接角度、送锡方式、焊接温度，以及使用温度测试仪测试校准温度、更换焊锡丝等。

技能 1　机器人焊接锡丝的安装

锡丝是由焊料合金和助焊剂两部分组成，合金成分分为锡铅、无铅，助焊剂均匀灌注到锡合金中空部位。依据不同元器件选用锡丝熔点成分，见表 2–7。

表 2-7　常见焊锡丝成分及熔点

锡 丝 类 型	熔　　点	成　　分
有铅焊锡丝	183℃	Sn63/Pb37
无铅焊锡丝	217℃	Sn96.5/Ag3.0/Cu0.5
低温焊锡丝	138℃	Sn42/Bi58

根据焊盘面积选择合适直径的焊锡丝以及单点所需要的锡量。焊盘越小，使用的锡丝直径越小。市场上常用的焊接机器人适用范围为 0.2 mm ~ 1.2 mm。以点焊为例，锡丝直径一般为所需焊点直径的 1/2 ~ 1/3 之间。常见焊锡丝包装，如图 2–22 所示。

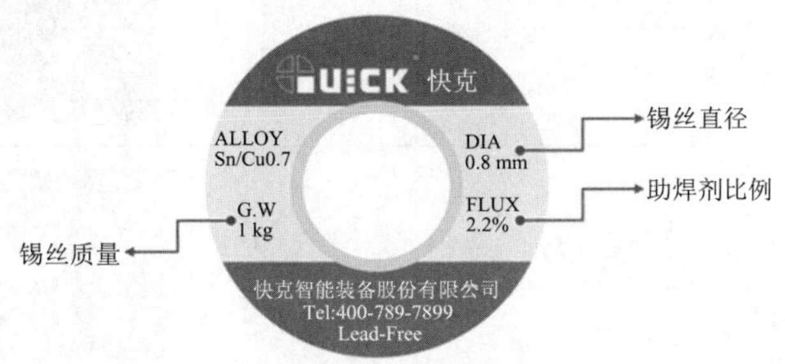

图 2–22　焊锡丝包装

选取合适的焊锡丝后，需要将锡丝圈套入固定杆，再将焊锡丝经缺料传感器穿入，穿到手动送锡旋钮处，具体步骤见表 2–8。

表 2-8　锡丝更换操作步骤

步　　骤	图　　例
第一步，锡丝圈套入锡丝圈固定杆，卡到位，并旋紧锡丝圈固定杆旋钮	
第二步，将焊锡丝经缺料传感器穿入并从吸嘴内穿入，穿到手动送锡旋钮处，顺时针旋动。旋钮可手动送锡，逆时针旋动则回锡	

续表

步　骤	图　例
第三步，打开加热控制器电源开关，长按送锡设定处送锡按键，开始送锡（工作指示灯亮）	

技能 2　焊接角度和送锡角度设定

机器人焊接工艺通过设定焊接角度、送锡方式，用来调节烙铁头与焊盘接触面积，以及出锡的角度。

焊接角度设定原则，是在不影响送锡的前提下，烙铁头和焊盘的接触面越大越好，这样才能让焊盘更快地受热，缩短焊接时间，具体设定调试原理见表 2-9。

表 2-9　焊接角度设定调试原理

当前焊接角度，照片放大后可以看出，焊头底部已偏离焊盘，达不到工件同时受热效果，焊接时间会延长	
当前焊接角度，照片放大后可以看出，焊头底部充分接触焊盘，达到工件同时受热效果，焊接时间会大大缩短，良率提升	
根据烙铁头底部倾斜角度，例如底部倾斜 15°，弯架调整到 15° 的位置	

送锡角度设定原则，是在运行过程中不触碰到被焊元件的前提下，送锡的角度和烙铁头的角度尽量保持大于等于 80°，这样是为了更好地下锡，减少不良品（特别是带针脚的产品），如图 2-23 所示。

图 2-23　送锡角度

出锡调节支架结构，如图 2–24 所示，出锡操作有四个步骤：

第一步，更换出锡针嘴。调节螺丝 2，向上扳起，出锡针嘴可以离开焊头一定距离，避免针嘴撞到焊嘴。

第二步，调出锡针嘴的前后位置。旋动调节螺丝 1，微调出锡针嘴相对焊头的前后位置。顺时针，出锡针嘴向前移；逆时针，出锡针嘴向后移。

第三步，调出锡针嘴的左右位置。旋动调节螺丝 2，微调出锡针嘴相对焊头的左右位置。顺时针，出锡针嘴向右移，逆时针，出锡针嘴向左移。

第四步，固定出锡针嘴。出锡针嘴调节到适当的位置，旋紧螺母 3，出锡针嘴固定。

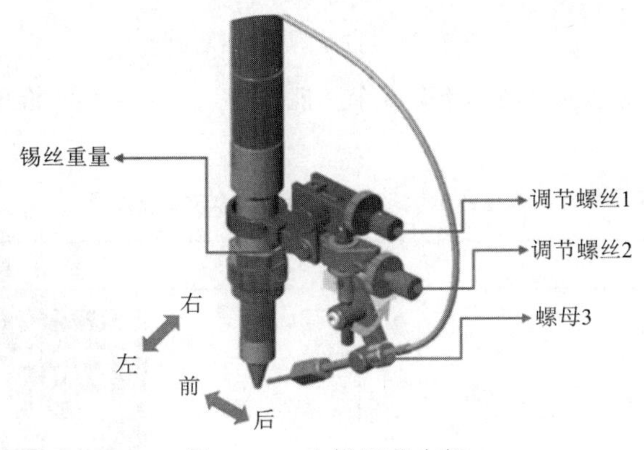

图 2–24　出锡调节支架

技能 3　焊接温度设定

扫一扫

焊接温度的设定与校准

影响焊点温度的主要因素有：焊嘴温度、焊接时间、焊嘴尺寸及被焊物的散热情况。

焊嘴温度。在能满足焊接要求的前提下，焊嘴温度设置不宜过高。过高的温度会加速助焊剂的挥发，不利于焊接，也容易损坏被焊物，同时，会加速焊嘴氧化，缩短使用寿命。温度也不宜过低，否则会造成虚焊现象。

焊接时间。焊接时间越长，被焊接元器件的温度越高，焊点氧化越严重，同时 IMC（金属间化合物）会急剧增厚，导致焊点脆裂。

焊嘴尺寸。在不影响焊接的前提下，应尽量选择尺寸略小于焊盘直径的、头型大的焊嘴。头型大的焊嘴拥有更大的热容量，在焊接过程中温度跌落较少、回温速度快，有利于提高焊接效率。同时，可以选择更低的焊接温度，减少助焊剂挥发，不仅有利于焊接还能降低焊嘴的氧化，延长焊嘴的使用寿命。

被焊物的散热情况。焊盘通常会与更多导体相连接。如果所连接的导体散热量大（如接地层），则焊嘴的升温速度会降低。

自动焊接温控一般采用热电耦监测焊嘴芯的温度并加以控制，通过焊嘴传递焊接温度。烙铁头安装在烙铁芯内，是用热传导性好的铜合金材料制成，烙铁头的长短可以调整，烙铁头越短，烙铁头传递的温度就越高；烙铁头越长，烙铁头传递的温度就越低。

焊接机器人 ET9384EX 使用加热控制器实现温度的设定和调试，结构如图 2–25 所示。

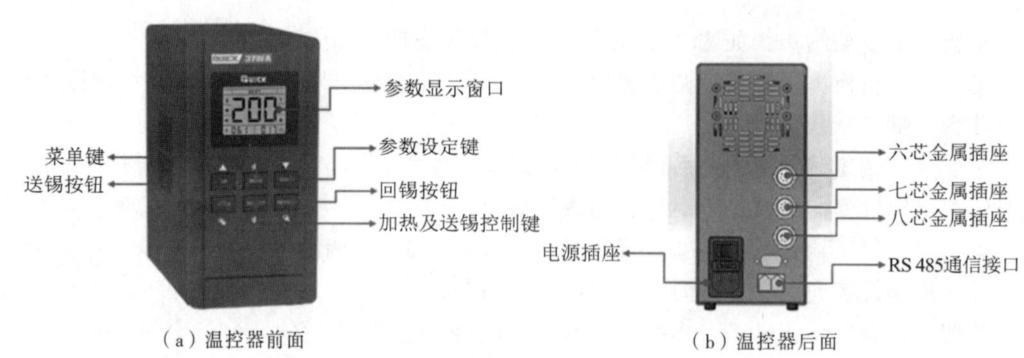

（a）温控器前面　　（b）温控器后面

图 2–25　自动焊接温控器

加热控制器除了温度显示界面，还有 6 个功能按钮，用于烙铁头温度设定与校准，其操作示例，见表 2–10。

表 2-10　烙铁头温度设定与校准步骤

校准步骤	图　例
第一步，设定焊台某一温度数值，例如 300℃	
第二步，待温度稳定时，用焊嘴温度测试仪测量焊嘴温度，并记下读数值	
第三步，焊台显示窗口在主界面时，同时按下“▲”“▼”键，显示界面则跳入温度校准界面	
第四步，移动“▲”或“▼”键，使设置温度值达到温度测试仪所测得的温度，按下“*”键保存，即校准成功	

焊锡丝焊接的温度要适当，不能过高也不能过低，应该根据电子元器件大小选用合适的温度，一般焊嘴的温度控制，在使助焊剂熔化较快又不冒烟时为最佳温度。

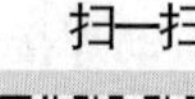

焊接生产流程

作业 3　机器人焊接点目视检查

机器人焊接为了保证其焊接质量，焊接过程不仅要做好焊点品质控制，还要通过目视检验或借用专用检测设备检测焊点是否有缺陷，本作业的主要任务是学会目检方法检查机器人焊接的焊点缺陷。

技能 1　元器件焊点缺陷识别

机器人焊接焊点质量要求是基于标准 IPC-A-610，标准要求焊接点润湿性好，表面应完整、连续平滑、焊点适量、无大气孔、砂眼，不能有拉尖、虚焊、桥连、漏焊等现象，如图 2-26 所示。

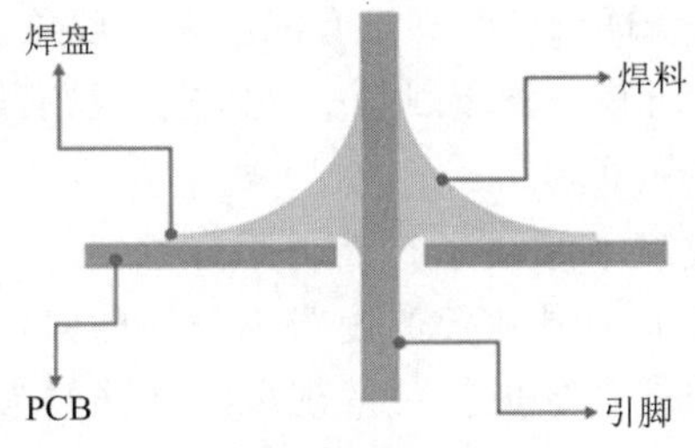

图 2-26　标准焊点示例

常用润湿角来判断焊点是否合格。润湿角，是指金属表面和熔融焊料交界面的夹角。利用润湿角判断焊点是否合格的标准，如图 2-27 所示。

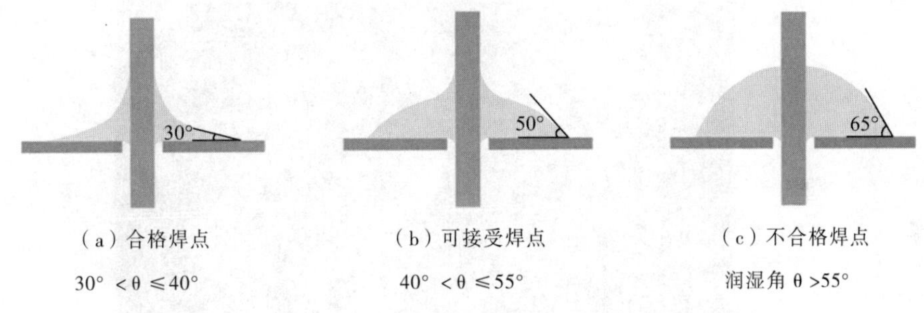

（a）合格焊点　　（b）可接受焊点　　（c）不合格焊点

30°＜θ≤40°　　40°＜θ≤55°　　润湿角 θ>55°

图 2-27　焊点湿润角标准

技能 2　元器件焊点缺陷目检

焊接机器人焊点缺陷目检是借助放大镜检查焊点外观，是否存在漏焊、空焊、虚焊、桥连、堆锡、拉尖等现象的，针对这类焊接不良问题，认真观察，找对造成这些不良的原因，然后再有针对性地去解决。

1. 漏焊

漏焊是指在焊接过程中存在未焊接的焊点，焊盘上没有上锡的现象。焊接机器人出现这种情况的原因大致有两点，一是烙铁头没有接触到焊点，需要调整该点的坐标，使烙铁头接触到焊点，这样就不会出现漏焊；再一个就是焊盘表面氧化比较严重，无法上锡。

2. 虚焊

虚焊是常见的一种焊接不良，主要为没有生成足量的 IMC，导致焊点时断时连。出现此不良的原因为：温度参数设置不当，导致焊锡没有完全连接母材，需要重新设定焊接温度；烙铁头温度和设置温度差异较大，需要重新校准温度。

3. 空焊

空焊是指在焊接过程中，焊点应焊而未焊。焊料太少、零件本身问题、焊接位置等会造成空焊。

4. 桥连

桥连一般是指紧邻的两个焊点或是几个焊点的焊盘连接在一起的现象，造成此种现象的原因是送锡量太多或是两个点之间的间隙太小所造成的。遇到这种情况，首先应该减少锡量，然后再看烙铁头的位置是否正确，如不正确，应及时进行调整。

5. 堆锡

堆锡一般是指焊点成为一个球形，引脚没有漏出来的现象。出现此种现象的原因是送锡量太大，此时需要减少锡量；还有一种原因是引脚太短，没有露出焊盘。

6. 拉尖

拉尖是指焊过之后焊点成型不好或是有毛刺并有拉尖的现象。此种现象主要是由于锡的流动性不好造成的，另一个原因是参数的设置不当，即停留时间过长，造成助焊剂挥发过快，在烙铁头抬起的过程中就会形成拉尖的现象。如通过参数的设置无法解决，我们就需要更换锡丝。

任务要诀

焊嘴选用很重要，提升效率保质量；
焊嘴头，常含锡，提高耐用保寿命；
焊接质量想要好，参数设定很重要；
焊接时间控制好，过长氧化致不良；
锡丝用量要适中，根据焊点来定量；
焊接温度选最佳，过高过低都不行；
目检焊点很关键，用手触摸查不牢；
放大镜帮查外观，对照标准控制量。

工作评价

序号	评价维度		权重	评价情况		
				自我评价	小组评价	教师评价
1	技术性	（1）正确选用焊嘴，安装和拆卸焊嘴，校准焊接温度 （2）正确调节焊锡角度和送锡方式 （3）正确识别和目检焊接点	0.2			
2	质量性	（4）焊接品质缺陷在目标值内 （5）品质意识内化于各作业环节	0.2			

续表

序号	评价维度		权重	评价情况		
				自我评价	小组评价	教师评价
3	规范性	（6）按照作业指导书操作 （7）按照行业技术标准执行	0.2			
4	经济性	（8）作业效率最高 （9）材料使用最少	0.15			
5	环保性	（10）锡丝符合环保标准 （11）电能消耗最低	0.05			
6	创新性	（12）工艺优化有效提升作业效率与品质 （13）有效降低材料损耗	0.1			
7	职业性	（14）敬业，遵守车间工作纪律 （15）协作，按质按量完成工作	0.1			

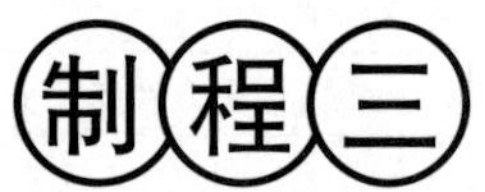

基板检修

"基板检修"制程是"1+X"电子装联职业技能等级标准（初级）第三个学习领域，该领域包含基板检测和基板返修二个典型工作任务。基板检测任务重点学习 PCBA 焊点目视检查、PCBA 焊点 AOI 检查等知识与技能；基板返修任务重点学习细间距器件返修、潮湿敏感器件返修及 BGA 返修等知识与技能。

任务 1 基板检测

任务目标

通过基板检修任务学习，会目视检查 PCBA 焊点、会调用 AOI 设备检测程序检测 PCBA 缺陷焊点，具备检测焊点品质的专业技能。

任务描述

在前道工序的基础上，完成 dzzl-01 基板 1 000 片的检修任务，所需元器件等材料的 BOM 见表 1-8，样板如图 1-44 所示，具体焊接要求如下：

（1）目视检测误判率≤5 000 PPM。

（2）AOI 检测误判率≤3 000 PPM。

任务分析

客户产品特征分析：观察客户样板和 BOM，依据 PCBA 含有的元器件封装结构特征，目检重点查看是否有电容开裂、极性贴反等缺陷；AOI 检测重点关注 QFP 等器件标准库制作。

料损率控制分析：依据客户料耗要求，在返修缺陷焊点时，正确操作拆卸、焊接缺陷焊点元器件，避免损伤性能完好的元器件，降低料损率。

良品率控制分析：依据客户良率要求，正确制作 AOI 检测程序，有效降低 AOI 检测误判率，提升缺陷焊点一次检出率。

任务导图

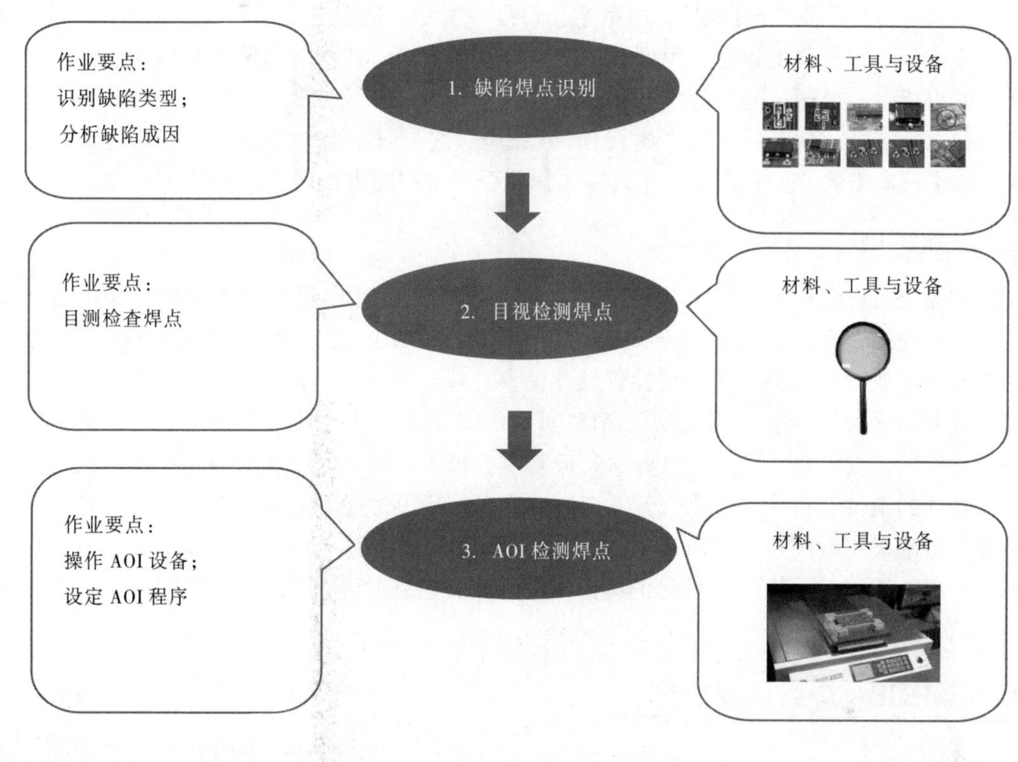

任务先通

匠心一点通

苦熬 21 个日夜，攻克虚焊关。2020 年 11 月 27 日，深圳某电子科技有限公司电装车间 AOI 主管李某在查看 AOI 报表时发现，最近公司贴装的客户产品上器件 IC2 的第 7 脚经 AOI 检测，虚焊缺陷连续一周都未能得到改善。为此，李某带领公司工程团队决定改善这一问题，他们每天不分昼夜蹲守机器旁、产线边，反复试验，查阅资料，经过 21 个日夜，终于摸清楚焊点产生虚焊的原因，是来自钢网开口尺寸的问题，重新设计制作新的钢网，避免该焊点虚焊缺陷产生，为公司带来直接受益 5 万余元，同时，赢得了客户高度的称赞，有效增强公司的品牌形象。

安全一点通

违规操作，结果酿事故。2016 年 11 月 12 日上午 9 时 10 分，在深圳某电子科技有限公司电装车间 SMT-8 线，作业员赵某"哇"的一声，倒在 AOI 设备旁，车间主管应声过来，发现 AOI 机台前面、地面鲜血一地，赵某右手背鲜血还在流淌，车间主管急忙送到医院，检查伤情，赵某右手粉碎性骨折，经鉴定为工伤 8 级。追溯事故原因，是赵某操作 AOI 出现卡板现象，

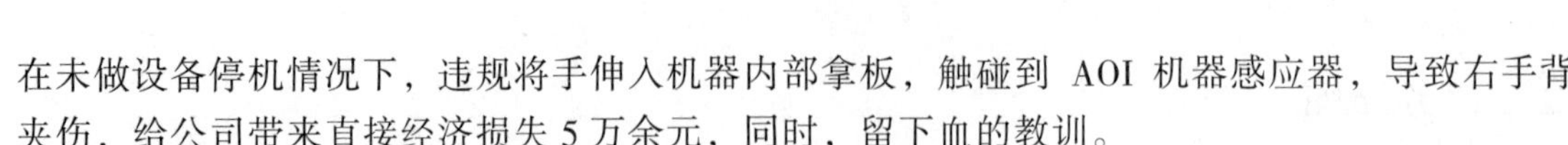

在未做设备停机情况下，违规将手伸入机器内部拿板，触碰到 AOI 机器感应器，导致右手背夹伤，给公司带来直接经济损失 5 万余元，同时，留下血的教训。

质量一点通

百次试验苦，研就“神探眼”。南京某公司是一家专业自控主板供应商，最近在装联一款工业机器主控板时，发现主板左上角区域的较多焊点的虚焊、连焊等缺陷难以检出，直接影响公司产品的出货量。公司技能大师王某主动请缨，带领团队会战难题，每日，不分昼夜，坚守在产线旁和试验室里，画出百张图，做了 107 次试验，终于研发出一套 AOI“高精密照相装置”，成为检测主板缺陷的“神探眼”，一举攻克了困扰公司生产的大难题，为公司发展作出巨大贡献。

任务实施

检测是 SMT 生产中关键的一道工序。检测方式主要有最简单的目视检测和机器自动检测。而自动检测包含自动光学检查（AOI）、在线检测（ICT）和 X 射线检测。AOI 主要用于外观对比检测作业，如检测缺件、极性焊反、偏移、错件等缺陷。ICT 使用专门的针床与已焊接好的基板上的元器件接触，并用数百毫伏电压和 10 mA 以内电流进行分立隔离测试，从而精确地测出所贴装的电阻、电感、电容、二极管、三极管、可控硅、场效应管、集成块等通用和特殊元器件的缺件、错件、参数值偏差、焊点连焊、基板桥连等故障，并将故障是哪个元件或位于哪个点准确告诉用户的检测作业过程。X 射线检测主要用于焊点内部缺陷检测作业，如探测锡球空焊、假焊、桥连等不可见的内部缺陷。本任务主要学习人工目视检测和 AOI 检测等相关知识与技能。

作业 1　PCBA 焊点目视检查

扫一扫

人工目视检查

PCBA 是英文 Printed Circuit Board Assembly 的简称，即基板经过表面贴装（SMT）和通孔插装（THT）电子装联制程（简称“电装”）形成的电子组件。在电装过程中，因工艺制程不当，造成焊点焊料过少、焊锡浸润不良等缺陷，可简单通过人工目检，快速判断。

技能 1　缺陷焊点识别

PCBA 焊点缺陷主要分为严重缺陷、主要缺陷和次要缺陷三类。

严重缺陷（以 CR 表示），凡足以对人体或机器产生伤害或危及生命安全的缺点，如安全规定不符、烧机、触电等。主要缺陷（以 MA 表示），可能造成产品损坏，功能异常或因材料而影响产品使用寿命的缺点。次要缺点（以 MI 表示），不影响产品功能和使用寿命，一些外观上的瑕疵问题及机构组装上的轻微不良或差异的缺点。

PCBA 理想焊点是基板表面无任何锡珠、锡渣残留，四种典型引脚的理想焊点状态描述，见表 3-1。

表 3-1　PCBA 理想焊点状态

典型焊点	理想焊点图例	理想焊点描述
片状元件焊点	H	（1）焊锡带呈凹面，并且从元件端电极底部延伸到顶部的 2/3 H 以上 （2）焊锡良好地附着于所有可焊接面

续表

典型焊点	理想焊点图例	理想焊点描述
翼型引脚趾部焊点		（1）引线脚与基板锡盘间的焊锡连接很好，且呈一凹面焊锡 （2）引线脚的侧端与焊盘间呈现稍凸的焊锡带 （3）引线脚的轮廓可见
翼型引脚跟部焊点	A B C	焊跟处的焊料向上延伸量等于引脚的厚度，或达到引脚外弧线的中点
J 型引脚焊点	B A	（1）凹面焊锡带存在于引线的四侧 （2）焊料延伸到引线弯曲处两侧的顶部 （A，B） （3）引线的轮廓清楚可见 （4）所有焊点表面皆吃锡良好

工程中，因工艺控制不良，导致焊点在基板表面出现锡珠或锡渣残留等缺陷。当残留的锡珠、锡渣可被剥离或容易引起桥连时，则被判定为缺陷。PCBA 焊点锡量是否满足焊点需求，是检验焊点品质最重要的参数，多锡、少锡都是缺陷状态，典型焊点的缺陷特征描述，见表 3–2。

表 3-2 PCBA 缺陷焊点

典型焊点		焊点缺陷图例	焊点缺陷描述
片状元件焊点	最少焊锡量	Y<1/4H X<1/4H	（1）焊锡高度低于器件高度的 25% （2）焊锡伸出器件端的长度小于器件高度 25%
	最大焊锡量		（1）焊锡已超越到芯片顶部的上方并接触到器件本体 （2）焊锡延伸出焊盘端 （3）看不到元器件顶部的轮廓
翼型趾部焊点	最大焊锡量		（1）焊料没有良好润湿焊盘或引脚 （2）引线脚的轮廓模糊不清
翼型焊跟焊点	最大焊锡量	沾锡角超90°	脚跟的焊锡带延伸到引线上弯曲处的底部，延伸过高，且沾锡角超过 90°
	最小焊锡量		焊跟的焊料向上延伸未达到引线的厚度或引线外弧线的中点
J 型引脚焊点	最大焊锡量	h<1/2T	（1）焊锡带存在于引线的三侧以下 （2）焊锡带涵盖引线弯曲处两侧的 50%以下
	最小焊锡量		（1）焊锡带接触到组件本体 （2）引线顶部的轮廓不清楚 （3）锡突出焊盘边

PCBA 焊点因工艺参数控制，或材料等因素影响，而产生不同类型的缺陷，PCBA 典型缺陷见表 3–3。

表 3-3　PCBA 典型缺陷类型

序号	类型	缺陷图样	缺陷描述
1	缺件		丝印位置没有焊接器件
2	极性反向		极性器件引脚位置与丝印位置不符合
3	桥连		器件引脚间焊接桥连、搭焊
4	偏移		器件引脚位置偏离丝印位置
5	锡多		器件引脚的焊锡太多，容易产生锡珠、或桥连等缺陷
6	立碑		器件处于直立状态，焊点开路

续表

序号	类型	缺陷图样	缺陷描述
7	少锡		器件引脚的焊锡太少
8	翻面		元器件翻转 180°

技能 2　焊点质量目视检查

PCBA 焊点质量检验，一般参照 IPC—A—610 标准或 SJ/T 10670—1995 表面组装工艺通用技术要求等标准，也可按照企业内部标准执行。

1. PCBA 检验条件

为防止元器件或组件的污染，必须选择具有 EOS/ESD 全防护功能的手套或指套且佩戴静电环作业，光源为白色日光灯，光线强度必须在 1 077 Lux 以上。

（1）检验方式：将待验品置于距两眼约 30 cm 处，上下左右 45°，以目视或三倍放大镜检查。

（2）检验判定标准：（依 QS 9000，C=0、AQL=0.4%抽样水准进行抽样；如客户有特殊要求时，按照客户允收标准判定）。抽样计划，MIL-STD-105 E LEVEL Ⅱ正常型单次抽样。判定标准，严重缺点（CR）AQL 0%；主要缺点（MA）AQL 0.4%；次要缺点（MI）AQL 0.65%。

2. PCBA 贴片检验项目

包含贴片元件空焊、冷焊、桥连、缺件、错件、极性反向或错误、多件、翻件、侧立、立碑、偏移、浮高、元件脚高翘、元件脚跟未平贴或未吃锡元件印字模糊、元件引脚或本体氧化/破损、锡尖、锡少、锡多、锡球/锡渣、焊点有针孔/吹孔、结晶、板面不洁、点胶不良、焊盘铜箔翘皮、基板露铜、基板刮伤、基板焦黄、基板弯曲、基板内层分离（气泡）、基板沾异物、基板金手指沾锡。

3. PCBA 插件检验项目

包含插件焊点空焊、冷焊、桥连、缺件、元件引脚长、错件、极性反向或错误、引脚变形、元件浮高或高翘、锡尖等。

4. PCBA 缺陷检验步骤

PCBA 缺陷检验可分为四个步骤：

第一步，检测准备。准备好放大镜、防静电腕带、基板、检测作业指导书等文件。

第二步，穿上静电防护服，戴好防静电腕带，并良好接地。

第三步，目视检查焊点缺陷。视线沿 W 字形，借助放大镜，或直接目视检查焊点是否有缺件、锡多、锡少、翻件和立碑等缺陷。

第四步，填写记录表。将所检查缺陷结果，填入焊点缺陷记录表，见表 3-4。

表 3-4　PCBA 焊点缺陷检查记录表

序号	类　型	元件位号	元件名称	说　明	备　注
1	缺件				
2	元件反向				
3	桥连				
4	偏移				
5	锡多				
6	立碑				
7	锡少				
8	反件				
……	……				

作业 2　PCBA 焊点 AOI 检查

扫一扫

AOI 设备检查

AOI 是利用光学手段识别焊点的外形，用以判断焊接质量的方法。是通过对 PCBA 进行扫描拍摄、CCD 摄像机读取元器件及焊脚的图像，然后将图像通过一定算法进行如灰度分析、影像对比等方式对 PCBA 上的元器件及焊点进行外观检查，从而自动判定是否存在缺件、桥连、翻面、偏移、极性反向、锡多、锡少等外观缺陷的一种检测过程。

技能 1　AOI 设备识别

AOI 设备如图 3-1 所示，在 SMT 业界主要应用有两类，第一类是离线式 AOI，一般在产线外使用，如图 3-1（a）所示；第二类是在线式 AOI，一般架设在生产线上使用，提高整线检测效率，如图 3-1（b）所示。

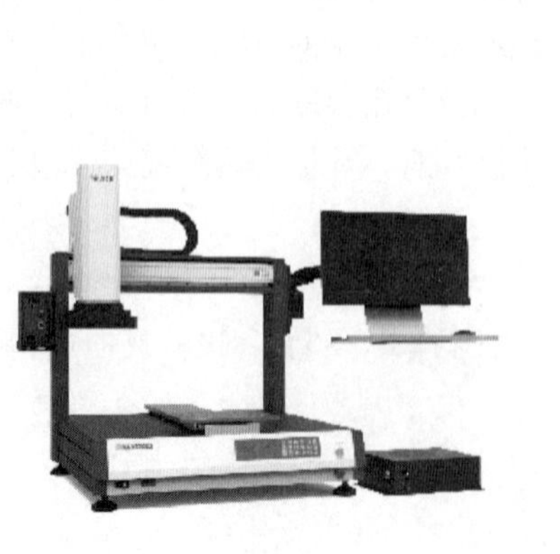

（a）A200CX

（b）A200TX

图 3-1　AOI 自动光学检测设备

AOI使用场合可以分设在“贴片后AOI、焊接后AOI”等位置，但目前AOI主要用于再流焊接后，检测焊点品质。用于贴片后的 AOI 能够检测的缺陷是元器件“缺件、极性反向、偏移”等。用于焊接后的AOI能够检测的缺陷是桥连、立碑、偏移、极性反向等。

AOI结构主要包括光学图像系统、自动控制系统、精密机械系统和软件系统四大部分，如图3-2所示。

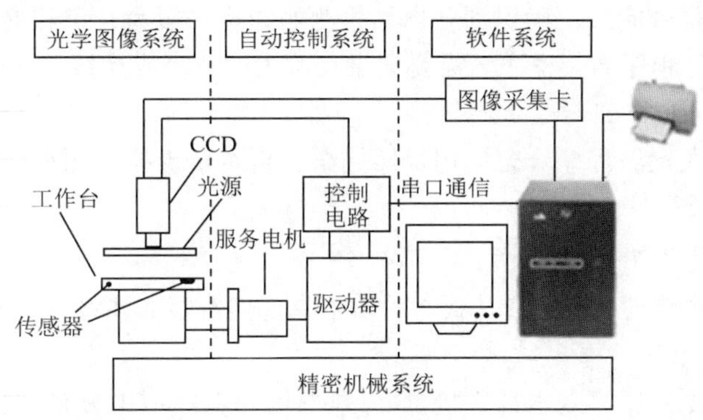

图3-2　AOI结构组成原理图

1. 光学图像系统

AOI的光学图像系统通常由CCD面阵相机、远心镜头、三色光源等组成。CCD面阵相机所采集的图像信号传送到图像采集卡上，通过主控计算机将图像处理后，将结果返回给主控程序，通过显示器对图像进行观察比较从而达到相应的控制。

2. 自动控制系统

AOI的自动控制系统通常由光栅尺、运动控制驱动器、运动控制卡、图像采集卡、主控计算机、I/O卡等组成。它主要是完成XYZ轴的精密运动。主控计算机是整个系统的核心，实现整机数据的采集传送分析处理等，并发送各种控制指令，完成机械传动、图像处理及检测功能。运动控制卡完成 XYZ 轴运动信号的采集，传送各种运动数据，动作执行指令等功能。图像采集卡主要是完成基板的图像采集转化。

3. 精密机械系统

AOI的精密机械系统通常有交流伺服驱动电机、精密滚珠丝杆、精密直线导轨等组成。由系统驱动软件控制这些精密机械的运动，使基板传送到CCD及光源下进行扫描。

AOI的机械运动分为三种类型：一种是光源及摄像系统运动，单板不动；另一种是单板运动，光源及摄像系统不动；第三种是单板、光源及摄像都动。这三种方式在炉后的 AOI 设备中都有运用，但是炉前的AOI设备多采用单板不动而光源及摄像系统运动的方式。运动部件多采用丝杆和线性导轨两种，线性导轨的精度较高，但是不论哪种形式为了保证位置精度及重复性，AOI设备都采用的是伺服控制系统结构形式。

4. 软件系统

AOI的软件系统通常由运动控制、图像处理及算法三大部分组成。用户可以通过窗口界面控制XYZ轴运动，图像的识别及处理等。AOI算法通常有模板匹配、DRC设计规则检查、CMTS形态检查。

技能 2　调用 AOI 检测程序

调用 AOI 检测程序分为四个步骤：

第一步，选择产品型号检测程序。需要确认选择的程序与生产的产品相一致，同一个产品一般有正面和反面的程序区别。

第二步，验证检测程序。需使用合格样品和不合格样品验证程序选择是否正确，主要关注不合格样品缺陷部位是否能被正确识别；样品检测的频率一般为开班和换线前一次。

第三步，记录检测程序名。程序名需要记录在称为“开班或换线记录表”的文件里，作为开班或换线的文本记录的一部分。

第四步，更换错误检测程序。若调用程序错误，再重新更换检测程序。

技能 3　操作 AOI 设备

AOI 设备操作分为五个步骤：

第一步，放置检测治具，并检查基板与检测治具的匹配度；并将待测基板依照方向放置在检测治具上。

第二步，选定检测程序。双击计算机桌面图标，打开 AOI 软件，进入软件主界面，确认 AOI 检测程序是否正确（名称和版本）选择对应的程序，如图 3-3 所示。

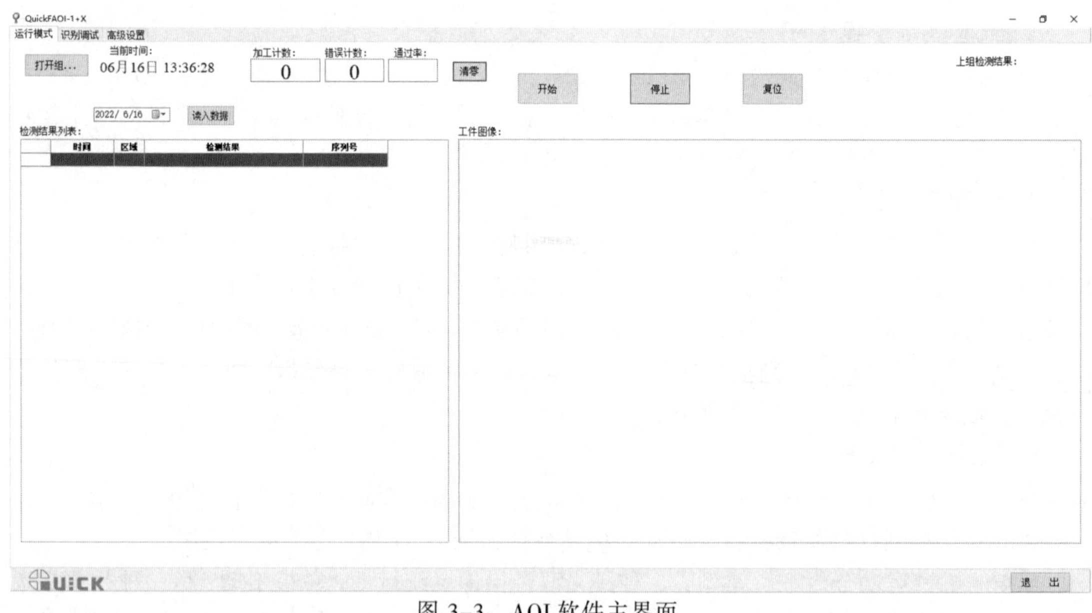

图 3-3　AOI 软件主界面

第三步，设备复位。单击软件主界面上的“复位”按钮，对设备进行复位，如图 3-4 所示。

第四步，检测基板。单击软件上“开始”按钮，设备开始正常测试，如图 3-5 所示。

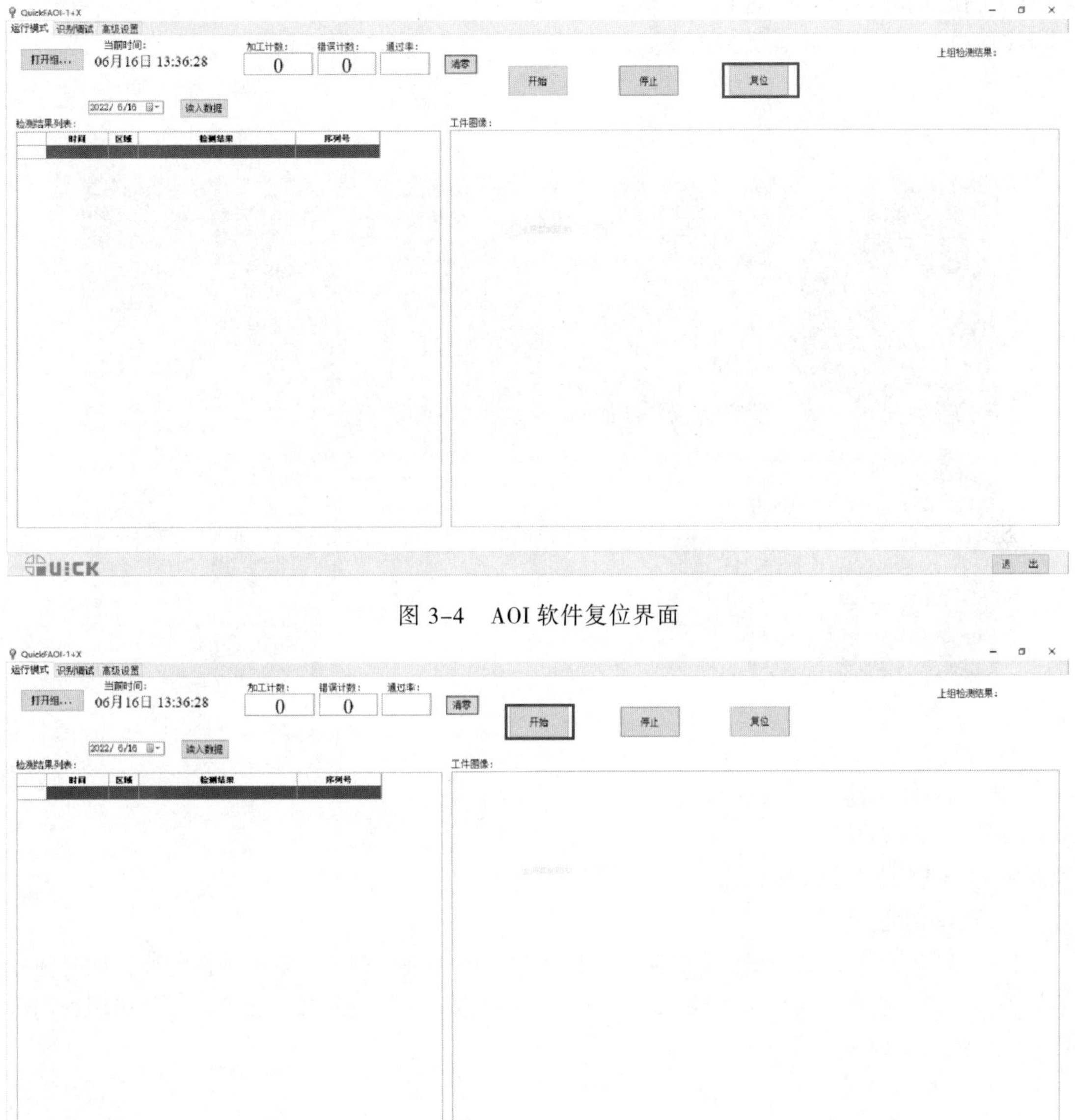

图 3-4　AOI 软件复位界面

图 3-5　AOI 软件测试运行界面

第五步，焊点人工复判。

AOI 人工复判确认步骤，如图 3-6 所示。

（1）在图 3-6 中，左侧显示整板缩略图，如图中①。右侧④处显示所有怀疑焊点不合格的元器件列表。

（2）单击需复判检测的元器件，则白色十字光标标注出需检元器件所在 PCBA 上的位置。同时将该元器件焊点的标准图像显示在如图中③的位置，该元件实际焊点的图像显示在如图中的②的位置。

（3）通过②③图像对比进行人工判定。若判为合格焊接，则不必操作；若判为不合格焊接，则单击图中⑤处元器件不良类型快捷键，可快速设定此不良为某种不良类型。

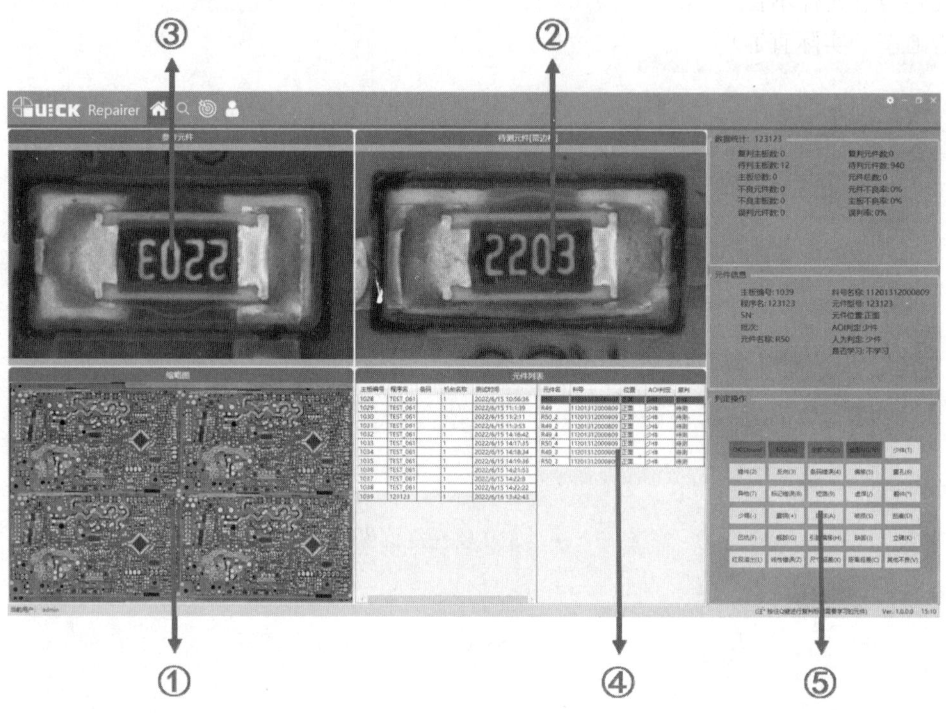

图 3-6　AOI 人工复判确认步骤示例

技能 4　查询统计 AOI 检测数据

1. 查询功能

打开 AOI 查询界面，如图 3-7 所示，输入查询条件进行查询。查询条件可按日期时间和编号进行查询，选择方式可按单板或批次查询，统计方式可按主板或子板查询，可快速查询最近一天、最近一周、最近一月。

图 3-7　AOI 查询界面

2. 显示查询统计数据

图 3-8 所示为 AOI 统计界面，单击“统计”按钮，可以显示程序名、批次总元件数量、不良元件数、元件不良率、误报元件数、元件误报率、总板数、不良板数、单板不良率、直通板、直通率、实际直通率等。

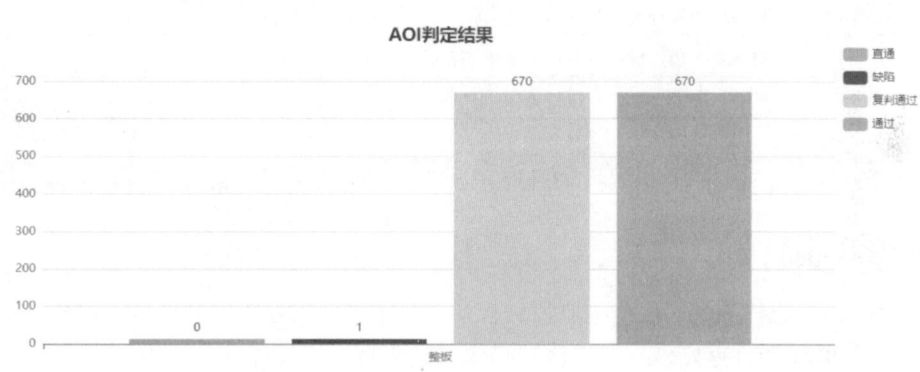

ProjectName	数量	直通率	不良率	误判率	良率
20951	630	0.00	0.16	99.84	99.84
22266	13	0.00	0.00	100.00	100.00
1+X	28	0.00	0.00	100.00	100.00

图 3-8　AOI 统计界面

AOI 还可以分析统计不良缺陷数据，如：

（1）详细显示不良信息，包含不良类型、不良位号、不良数量。

（2）不良信息柱状图。

（3）不良信息饼状图。

（4）查询的详细检测结果，包含上报结果、人工确认结果、元件名称、元件 ID、测试时间、条码、图片等。

任务要诀

光学检测 AOI，　检测焊点快准稳；
程序调制很重要，首拍一张标准像；
再拍一张焊点照，比对标准判品质；
孪生兄弟一次过，差异太大定缺陷；
人工复检不可少，数据统计一表清。

序号	评价维度		权重	评价情况		
				自我评价	小组评价	教师评价
1	技术性	能用一项或多项技能集成完成该项工作	0.2			
2	质量性	生产工艺质量符合作业标准要求，缺陷率在允差之列	0.2			
3	规范性	操作步骤依循生产作业标准及相关安全操作规程	0.2			
4	经济性	作业效率达到作业工艺要求，原辅材料应用符合生产作业要求	0.15			
5	环保性	材料选用符合使用标准	0.05			
6	创新性	对作业方法、材料使用、设备操作有思考、见解	0.1			
7	职业性	敬业、守纪，合作、执行力强	0.1			

任务2　基板返修

任务目标

通过基板返修任务学习，会按照返修作业指导书，选用专用工具设备，细节距器件、潮湿敏感器件及 BGA 器件返修，具备返修缺陷焊点及不良元器件等专业能力。

任务描述

在前道工序的基础上，完成 dzzl-01 基板焊接缺陷焊点的返修任务，贴装元器件 BOM 见表 1-8，样板如图 1-44 所示，具体焊接要求如下：

（1）返修材料损耗率 0;

（2）返修合格率 100%。

任务分析

缺陷焊点分析：缺陷焊点为细节距器件、BGA 器件，针对元器件封装结构特征，选用合适的返修工具和返修材料。

返修工艺分析：依据客户无铅工艺选择要求，优选锡膏、锡丝等返修焊接材料。更换贴片电容优选控温热风枪，更换湿敏感器件，注意其防潮处理，优选加热平台，更换细节距器件，注意烙铁头的粗细，更换 BGA，优选专用 BGA 红外热风返修台。

料损率控制分析：依据客户料耗要求，应合理选用拆卸工具，保证元器件性能不受二次损坏，拆卸下的元器件，经检测性能合格的可继续使用。

返修良率控制分析：依据客户印刷良率要求，返修时，正确拆卸缺陷焊点元器件，清理焊盘，选用性能合格的返修元器件，确保返修品质，满足焊接作业质量标准。

任务导图

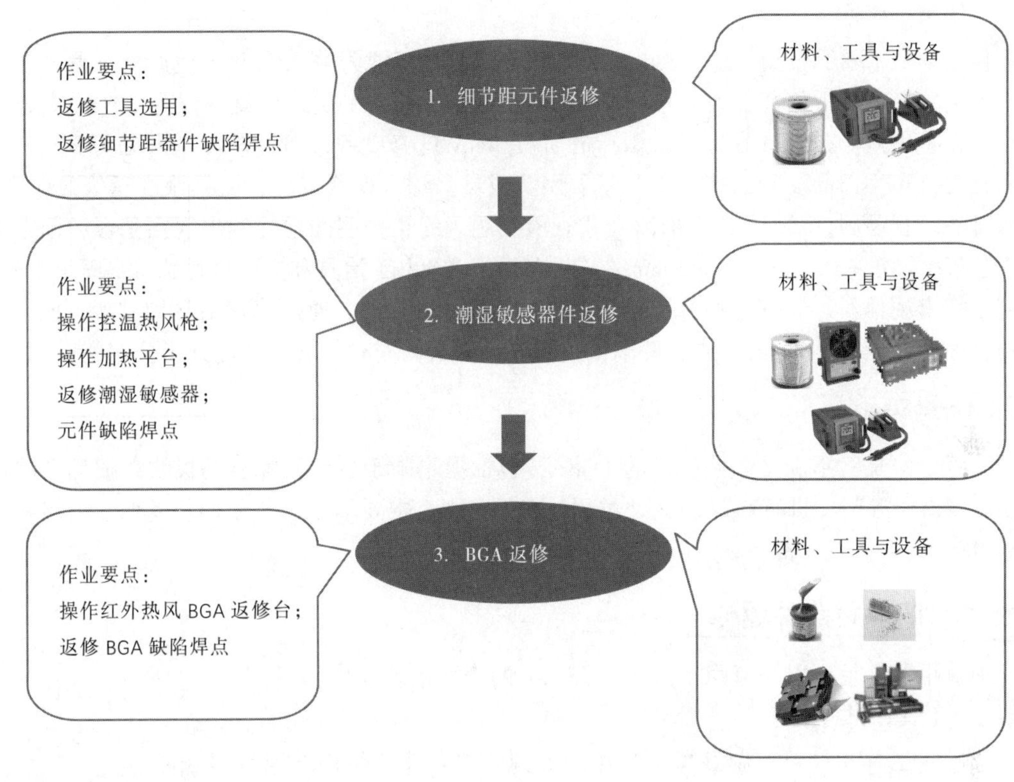

任务先通

匠心一点通

专心用心，始得创新。上海某笔记本电脑维修工作室刘工程师在返修笔记本电脑主板时，发现经常出现起泡（分层）现象。他查阅了大量的电脑维修技术资料，咨询许多同行和厂家，得到的结论都是基板受潮，返修焊接时受热不均匀而导致起泡，唯一解决问题的办法是焊接前加热除湿，但该方法费时费力，加热控制难，还会起泡。刘工苦思，是否可以有一种更简单、更高效的、更安全的返修方法呢？刘工反复思考，在尝试数个方案失败后，终于找到一个最好的方法：制作一台简易、高效的电脑主板维修预热机，保障了用户的产品维修质量。原来，他创新地应用消毒柜杀毒原理，在持续加热柜内温度到 80 ℃，再加热基板去除水分，并在焊接工具前端电源部分增接一个时间继电器，控制加热时间，稳定热量，从而避免基板加热返修过程中出现起泡问题。

安全一点通

不遵规范，事故缠身。2016 年 11 月 12 日上午 9 时 10 分，在深圳某电子科技有限公司电装车间 SMT-8 Line，返修作业员李某不小心触翻工作台上的酒精试剂瓶，流淌到烙铁架上的高温电烙铁，立马引起大火，喷烧到李某面部及头发，幸得工友及时扑灭大火，送其到医院救治，事故致其Ⅱ度烧伤，脸部还是留下轻微伤疤。一个不经意的违规操作，给自身和家人带来很大的痛苦，教训可谓深刻。

质量一点通

精于细节，臻于品质。昆山某电子公司维修工程师王某发现公司新近生产的某型号游戏笔记本电脑，在主板返修作业时，按照正常 BGA 返修工艺，一次返修良率仅为 30%左右，二次和三次良率更差。公司寻尽进口、国产的所有 BGA 返修设备，但返修良率未见明显提升，严重困扰着公司生产品质和品牌。王某带领团队成员，深入返修工位，持续跟踪返修每一步骤，分析排查问题原因，经过 45 天的蹲守式查验问题，终于查明问题居然出现在基板的固定上，由于基板平面度在 0.2 mm 到 0.3 mm 左右，在返修时，由于治具和支架间隙太大，固定不到位，较多基板出现偏斜，从而引发引脚间易出现桥连现象，最终，通过修正治具和支架，把基板固定的平面度控制在 0.1 mm 以内，良率得到了质的提升，同时，也大大提升了公司的品牌形象。

任务实施

基板返修是对不满足焊接要求的 PCBA，包括但不限于器件故障、基板线条损坏、焊接缺陷、焊接错误等问题进行修复的一种过程。本任务中，主要学习细节距器件返修、潮湿敏感器件和 BGA 返修所需设备、方法等相关的知识与技能。

作业 1　细节距器件返修

细节距器件是指引脚节距不大于 0.65 mm 的表面组装器件。

技能 1　工具和材料准备

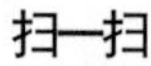

基板返修

合适的工具和材料是做好焊接工作的关键。强烈建议使用低温焊料。所需的返修工具和材料如下。

必选件材料和工具：

（1）锡丝：直径为 0.4 mm 或 0.5 mm。

（2）电烙铁：烙铁尖要细，顶部的直径在 1 mm 以下。

（3）热风拆焊台：选择对应功率的热风拆焊台。

（4）助焊剂：首选为助焊笔，也可用松香代替（需将松香压成粉末并涂在焊接处）。

（5）吸锡带：宽度为 1.8 mm 左右，用于清理多余的焊锡。

（6）放大镜：最小为 10 倍，可根据自己的实际情况选用头戴式，台灯式或手持式。

（7）清洁剂：酒精，含量不少于 99.8%。

（8）镊子：两端形状为尖的、弯的或者用其他工具代替。

（9）硬毛刷：非金属材料，用于基板的清洗工作。

ESD 桌垫及 ESD 腕带准备：两者都要良好接地；压缩干燥空气或氮气，用于干燥基板；光学检查立体显微镜 30～40 倍率。

技能 2　拆卸元器件

拆卸元器件，可分为三个步骤：

第一步，拆除准备。将装有待拆除 IC 的基板安装在一个夹持器或板钳中，如图 3-9 所示。

基板夹持器/板钳是可选件，但为了拆除器件需要将基板可靠固定。将焊台加热到 425 ℃，清洁烙铁头。注意 ESD 防护。

第二步，拆卸引脚涂敷助焊剂。将焊剂涂在所有的引脚上，这样可使清除焊锡更加容易。从 QFP 引脚上吸掉尽可能多的焊锡，如图 3-10 所示。注意不要因长时间的焊锡加热而烧焦基板。

图 3-9　固定拆卸基板

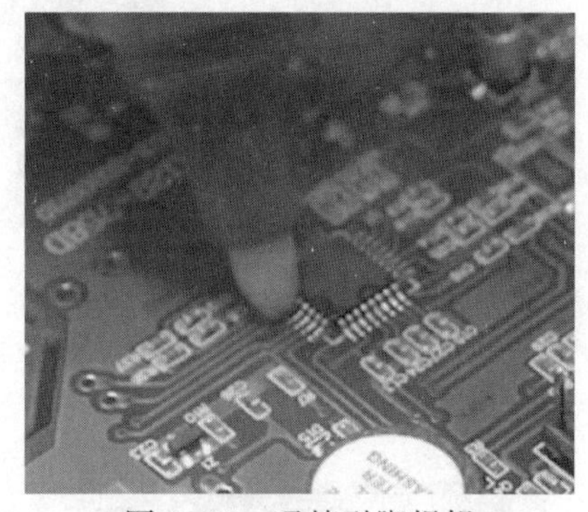
图 3-10　吸掉引脚焊锡

第三步，拆焊。将与零件尺寸匹配的风嘴装在热风枪上，如图 3-11（a）所示；热风拆焊台温度设定 370~390 ℃，如图 3-11（b）所示；手持热风枪，距离 QFP 零件引脚 3 ~ 5 mm，对零件引脚焊接面进行加热，如图 3-11（c）所示。并用镊子尝试推 QFP 零件本体，如 QFP 零件推动，使用镊子将零件从焊盘上取下，完成零件拆焊如图 3-11（d）所示。

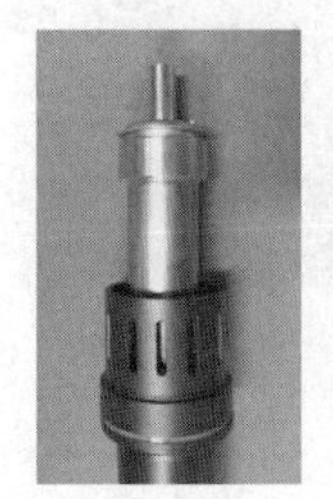
（a）安装风嘴

（b）设置热风枪温度

（c）均匀加热

（d）移除芯片

图 3-11　拆脚线处理过程

注意，若不保留旧的 QFP 器件，可以加快拆除过程，施加的热量稍微多一些，其结果是塑壳的一部分被熔化，一部分鸥翼引线折断。若一定要保留 QFP 器件，那在拆除过程中，必须非常小心地施加尽可能少的热量，使塑料 QFP 封装上的引脚保持完整无缺。这需要对加热量设置和加热时间进行一些试验。

若拆卸多引脚插座，也可根据插座大小，选择合适功率的热风枪和风嘴拆卸。一般设定风嘴温度：有铅 360 ~ 380 ℃，无铅 370 ~ 390 ℃；风嘴高度：5 ~ 10 mm；加热时间 10 ~ 30 s。

技能 3　清洗基板焊盘

清洗基板焊盘目的，是清除已经过度氧化的旧焊料，同时使焊盘变得平坦，没有多余的焊锡和焊剂。一个清洁的焊盘看起来应该是暗银色。用吸锡带吸除焊锡，直到焊盘变平坦和暗淡为止，如图 3-12 所示。

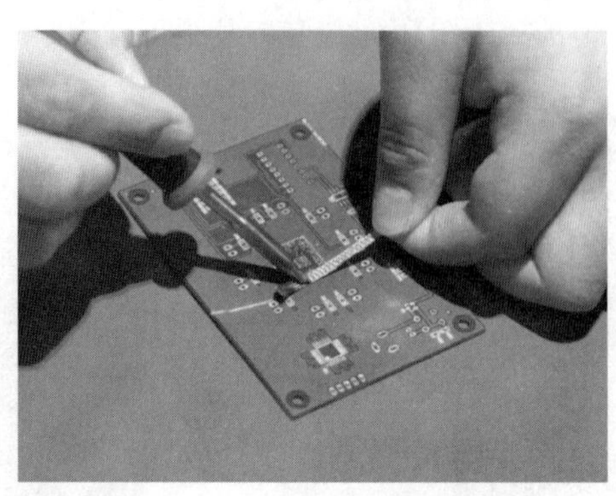

图 3-12　吸锡带清除焊盘表面焊锡

如果有焊盘从基板上松动，使用牙锄或其他尖状物件重新调整该焊盘，必要时涂环氧胶固定，如图 3-13 所示。

（a）矫正前焊盘

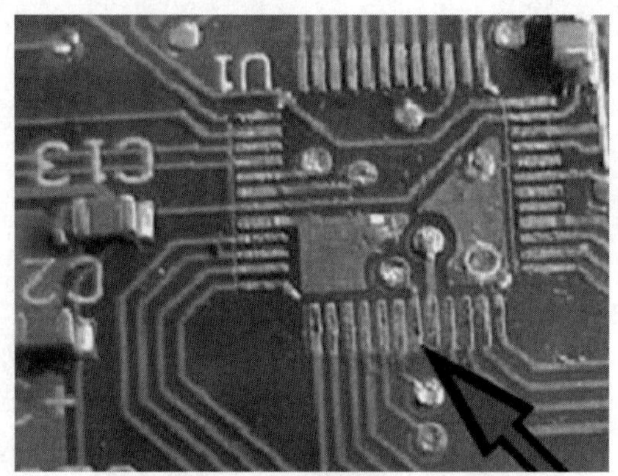

（b）矫正后焊盘

图 3-13　焊盘矫正

清除焊盘表面残留锡时，不能用力戳焊盘，如表面氧化，则涂敷焊膏后，再继续除锡。

技能 4　重焊拆卸器件

重焊拆卸器件，焊盘应是清洁，且上面没有任何焊锡。要用镊子或其他安全的方法，小心地将经确认性能完好的重焊拆卸器件放到基板上，要保证器件不是跌落下来的，因为引脚很容易损坏。用一个小锄或类似的工具推动器件，使其与焊盘对齐，尽可能对得准确一些，要保证器件的放置方向是正确的，注意第 1 引脚的方向与丝印方向保持一致。下面焊接和检测焊点的方法同前述的 QFP 焊接。

对拆卸后的密脚器件焊接，如图 3-14（a）所示，由于引脚数量多、节距约 0.5 mm，连接器引脚位于塑封体下边缘，不方便拖锡，则优选热风枪焊接。热风枪焊接，设置温度 360 ℃，风量 1 档。距离 2 cm 左右，给器件和基板加热，加热时间控制在 1 min 左右，待锡融化，用镊子取下器件，如图 3-14（b）所示，如果器件塑胶壳体挡住热风枪，不方便操作，可以采用热风枪背面加热基板的方法取下器件，如图 3-14（c）所示，但需要注意背面加热时，易引发基板发黄起泡问题。

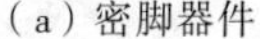
（a）密脚器件

（b）热风枪正面加热

（c）热风枪背面加热

图 3-14　热风枪加热密脚连接器

对其他拆卸后的多引脚贴片器件，如图 3-15 所示。烙铁拖锡清理焊盘后，PAD 上印锡，贴片后再用烙铁加热点焊；如果不印锡，直接烙铁拖锡，需及时清理引脚上残锡，再逐个加锡，避免焊锡到引脚根部后损坏塑料体。

图 3-15　多引脚器件烙铁拖锡

作业 2　潮湿敏感器件返修

目前，绝大多数电子产品中所用集成器件均为塑封器件，而再流焊接或波峰焊接都是瞬时对整个贴装器件的加热，当焊接过程中，高温施加到已吸湿的塑封器件的壳体上时，所产生的热应力会使封装外壳与引脚连接处发生裂纹，裂纹会引起壳体渗漏并使芯片受潮失效，因此，返修潮湿敏感器件焊点已成为补救焊接品质不可或缺的一种手段。

技能 1　潮湿敏感器件识别

潮湿敏感器件这一概念是由 IPC 标准所提出，英文 Moisture Sensitive Device，缩写为 MSD。主要指非气密性 SMD 器件，包括塑料封装、其他透水性聚合特封装（环氧有机硅树脂等），一般 IC 芯片、电解电容、LED 等，都属于非气密性 SMD 器件。

MSD 对潮湿环境的敏感程度用潮湿敏感等级（MSL）来表征。

MSD 潮湿敏感元器件在使用时，很容易由于受潮的因素而导致器件产生微损伤。在表面装贴技术的焊接过程中，SMD 会接触到超过 200 ℃的高温，高温再流焊接期间，元件中的湿气迅速膨胀、材料的不匹配以及材料表面的劣化等因素的共同作用会导致封装的开裂和/或内部关键界面处的分层性破坏，程度严重者，器件外观变形、出现“爆米花”现象。像 ESD 破坏一样，大多数情况下，肉眼是看不出来这些变化的，而且在测试过程中，MSD 也不会表现为完全失效！因此工程中，需要对不同潮湿等级的 MSD 物料的搬运，包装，运输和使用，进行标准方法的控制，避免物料受潮而在高温再流焊时导致产品质量和可靠性下降。

如果元器件外的包装上有雨滴状潮湿敏感标签标识，如图 3–16（a）所示，可认定该元器件是湿敏元器件。湿敏元器件受潮程度用湿度卡检测，如图 3–16（b）所示。如果三角形指向圈里物质变成粉红色，说明元件已受潮，如图 3–16（c）所示的湿度卡，只有三个圈构成。

（a）湿敏元件标签

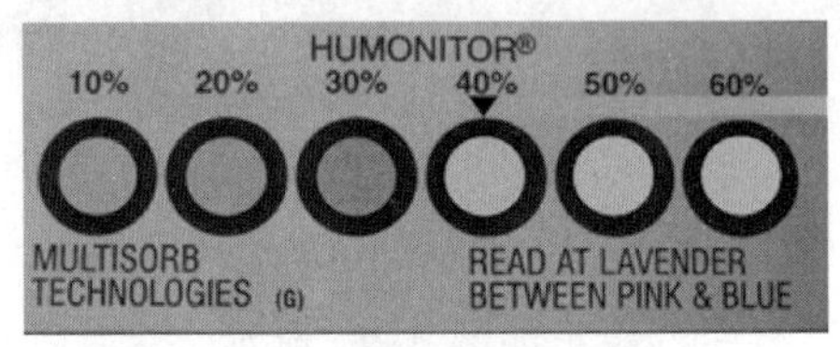

（b）六圈湿度指示卡

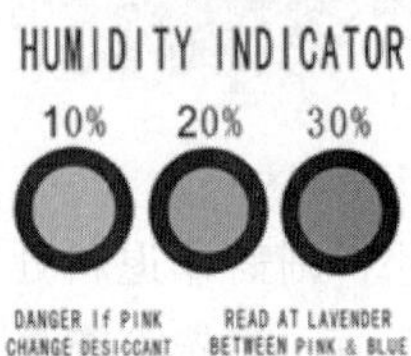

（c）三圈湿度指示卡

图 3–16　潮湿敏感器件及湿度卡

湿度卡上，不同圈颜色变化与受潮等级关系见表 3–5。

表 3-5　湿度指示卡颜色与使用要求比对

湿度指示卡	湿度指示 2% RH	湿度指示 5% RH	湿度指示 10% RH	湿度指示 55% RH	湿度指示 60% RH	湿度指示 65% RH
2% RH	蓝色	粉红色	粉红色	粉红色	粉红色	粉红色
2% RH	蓝色	蓝色	粉红色	粉红色	粉红色	粉红色
2% RH	蓝色	蓝色	蓝色	蓝色	粉红色	粉红色
使用条件	Level2–5a 可直接使用		Level2 可直接使用 Levela2–5a 需烘烤后使用		Levela2–5a 需烘烤后使用	

为了正确使用潮湿敏感器件，在其包装上，还带有潮湿警告标签，如图 3–17 所示。警告标签应当贴在隔潮袋的外表面，警告标签包括潮湿分类等级、再流焊接过程中封装本体可接受的峰值温度（分类温度）、现场寿命、封袋日期。

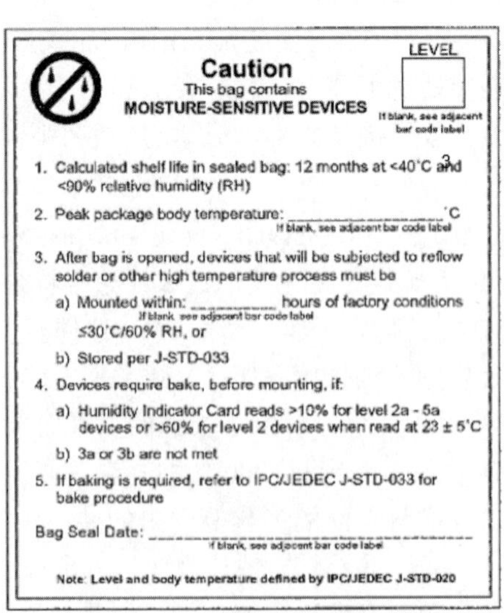

LEVEL

If blank, see adjacent bar code label

Caution

This bag contains

MOISTURE-SENSITIVE DEVICES

1. Calculated shelf life in sealed bag: 12 months at <40°C and <90% relative humidity (RH)
2. Peak package body temperature: ______________ °C
   If blank, see adjacent bar code label
3. After bag is opened, devices that will be subjected to reflow solder or other high temperature process must be
   a) Mounted within: ________ hours of factory conditions
   If blank, see adjacent bar code label
   ≤30°C/60% RH, or
   b) Stored per J-STD-033
4. Devices require bake, before mounting, if:
   a) Humidity Indicator Card reads >10% for level 2a - 5a devices or >60% for level 2 devices when read at 23 ± 5°C
   b) 3a or 3b are not met
5. If baking is required, refer to IPC/JEDEC J-STD-033 for bake procedure

Bag Seal Date: ______________________
If blank, see adjacent bar code label

Note: Level and body temperature defined by IPC/JEDEC J-STD-020

图 3–17　潮湿敏感器件警告卡

MSD 敏感度等级。可分为 1、2、2 a、3、4、5、5 a、6 等 8 个等级，其湿度敏感级别逐级递增。

MSD 检验。需要根据包装袋上制造商标签贴纸检查湿敏元件是否在保存期限内，如果过期，则需作退料处理，如果包装上无湿度敏感级别，需确认后，才可入库。一般情况下，未使用 MSD 不得打开，若有特殊需要，应在相对湿度≤60% RH，温度≤30 ℃的环境下打开包装袋，近封口处取料，查验完毕后，及时放回到防潮柜中。

MSD 使用。使用前，根据包装袋上的制造商标签确认元件在保存期限内才可以使用，如果过期，则需作退料处理。作业员接收 MSD 器件包装后，只能在使用前 10 min 拆开包装。打开包装后，首先检查真空包装内湿度指示卡（HIC）显示的受潮程度，如果 HIC 卡指示袋内湿度已达到或超过需要烘烤的湿度界限，则需根据相关作业要求或来料警示标贴所规定的条件烘烤，烘烤后再投入生产。其次，检查防潮（MBB）袋中是否有干燥剂，没有，则判定为不合格来料，第三，作业员发现来料不符合 MSD 控制规范，应拒绝收料生产和换料。潮敏器件拆包后，必须立刻真实填写“潮敏器件使用跟踪卡”。拆封时要小心，在封口处 1 cm 左右开封（采用刀片划开，严禁撕开），以便包装袋再次使用，同时干燥剂和 HIC 卡如要重新利用需确认是否正常。为了减少潮敏器件的烘烤周期，包装开封后未用完，且未超过车间寿命的潮湿敏感器件，应立即放入电子除湿防潮机中，或使用活性干燥剂及 MBB 密封保存，下批使用优先于电子除湿防潮机内的 MSD 物料。MSD 敏感等级 2 级及以上的元器件，若超过包装拆封后存放条件及车间寿命要求，或密封包装下存放时间过长，或存放、运输器件造成密封袋破损，漏气使器件受潮，要求使用前必须退回物料房进行烘烤。对于生产线未使用完的元件烘烤后必须指定专人重新做真空包装，真空包装时，必须放入合格的 HIC 卡和干燥剂。目视封装后真空效果是否符合要求，当包装圆盘带料时，为避免压坏 IC 和料盘，可以允许袋内空气不抽成完全真空状态，包装方盘 Tray 料时袋内必须完全抽成真空。在进行真空封装时，要特别小心，避免抽真空过度，造成料盘及其组件变形。

MSD 烘烤。对同一 MSD，在（110 ± 5）℃条件下，多次烘烤累计时间须小于 96 h；在 45 ℃、RH≤5%低温烘烤条件下，烘烤 192 h。受潮 MSD 烘烤：低温模式，温度（45 ± 5）℃，湿度≤5%，时间，超过期限 3 d 内烘烤 23 h，3 d 以外则需要烘烤 37 d；高温模式，温度（125 ± 5）℃，超过期限 3 d 内烘烤 17 h，3 d 以外则需要烘烤 27 h。正常 MSD 物料烘烤：低温模式，温度（45 ± 5）℃，烘烤时间 192 h，超过使用寿命 168 h 需重新烘烤，高温模式，温度（125 ± 5）℃，超过期限 3 d 内烘烤 17 h，超过使用寿命 72 h 需重新烘烤。注意：盘式物料则不可高温烘烤，若 Tray 式 IC 需检查 Tary 盘的最大耐温度。

技能 2　潮湿敏感器件返修

MSD 返修，与一般 IC 器件返修步骤基本相同，不同点，在于重新焊接器件时，对器件的处理方式不同：

（1）如果无须再用的 MSD，要确认是否受潮，打开 MBB 后，MBB 中所有元器件均应在保质期前使用；没有用完的 MSD 应再次封入 MBB 中或存入干燥氮气柜中。对托盘料、管状料每次取用，要在 4 h 内用完。

（2）如需拆卸再用的 MSD 器件，如果采用局部加热返修方式，零件本体温度不超出 200 ℃，以确保 MSD 器件的损伤降到最低；如果焊接温度超过 200 ℃，拆卸前需要对单板进行烘烤。

单板烘烤条件的选择要求，考虑板上所有元器件温度敏感特性，没有经过拆卸的器件一律不允许重复使用。

潮湿敏感器件返修分为“工具材料准备、涂敷助焊剂、预热 PCBA、热风枪拆焊器件、清理焊盘、重焊器件、检查”等七个步骤。

第一步，工具材料准备。工具选用合适的预热平台、热风枪及焊嘴。材料选用合适的焊锡丝，干燥的器件。

第二步，涂助焊剂。在元件焊接端上涂覆助焊剂，如图 3-18（a）所示。

第三步，预热 PCBA。用加热平台预热待返修器件的 PCBA，如图 3-18（b）所示。注意，这里是预热整个 PCBA，不是局部预热待返修器件。

第四步，热风枪拆焊返修器件。选择合适焊嘴、合适温度与风速；将热风喷嘴对准元件在器件上面均匀加热，熔化焊料；待所有焊点熔化后，用防静电镊子，取下元件，如图 3-18（c）所示。

第五步，焊盘整理。如图 3-18（d）所示，将吸锡器套在焊点上，熔化焊点焊料；待焊盘焊锡已全然被熔化后，用吸锡枪吸除焊盘上残留的焊锡。

第六步，重焊器件。上锡，用热风枪重新焊接器件，注意器件一定是干燥的，否则，必须做烘干处理。如图 3-18（e）所示。

第七步，检查焊点。目检或借助专业检测设备检测焊点返修品质。如图 3-18（f）所示。

（a）涂焊剂

（b）预热

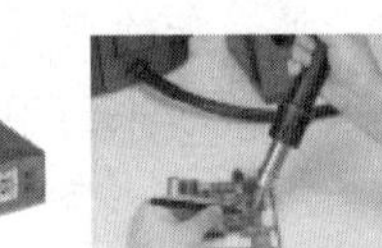
（c）拆焊

（d）清理焊盘

（e）热风枪焊接件

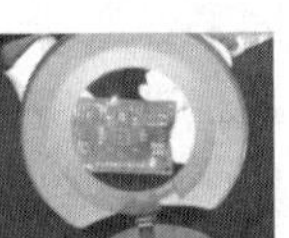
（f）检查

图 3-18　潮湿敏感器件返修步骤

作业 3　BGA 器件返修

电子产品小型化、便携化、网络化和高性能方向的发展，对电路组装技术和 I/O 引线数提出了更高的要求，芯片的体积越来越小，芯片的管脚越来越多，原来广泛使用的 QFP（四边扁平封装），封装节距的极限尺寸停留在 0.3 mm，近年出现的 BGA（Ball Grid Array 球栅阵列封装器件），由于芯片管脚分布在芯片封装的底面，将封装外壳基板原四面引出的引脚变成以面阵布局的凸点引脚，这就可以容纳更多的 I/O 数，且引脚节距较大，如 1.5 mm、1.27 mm 代替 QFP 的 0.4 mm、0.3 mm，很容易使用 SMT 与基板上的布线引脚焊接互连，因此，不仅可以使芯片在与 QFP 相同的封装尺寸下保持更多的封装容量，又使 I/O 引脚节距较大，因而 BGA 元器件在电子产品生产领域获得了广泛使用。但随着引脚精细、数量增加，装联过程中出现桥连、偏移等焊接缺陷，在所难免，但利用手工工具很难进行修理，需用专门的返修设备，并根据一定的返修工艺来完成。

技能 1　BGA 器件识别

1. BGA 器件类别

BGA 通常分为三类，每类 BGA 都有自己独特的特点和优缺点：

（1）PBGA（Plastic BGA）塑料封装 BGA：采用 BT 树脂/玻璃层压板作为基板，以塑胶（环氧模塑混合物）作为密封材料，焊球可分为有铅焊料（Sn 63 Pb 37、 Sn 62 Pb 36 Ag 2）和无铅焊料（Sn 96.5 Ag 3 Cu 0.5），焊球和封装体的连接不需要另外使用焊料。有一些 PBGA 封装为腔体结构，分为腔体朝上和腔体朝下两种。这种带腔体的 PBGA 是为了增强其散热性能，称之为热增强型 BGA，简称 EBGA，有的也称之为 CPBGA（腔体塑料焊球数组）。优点为：和环氧树脂基板热匹配好；焊球参与了再流焊接时焊点的形成，对焊球要求宽松；贴装时可以通过封装体边缘对中；成本低；电性能好。其缺点为：对湿气敏感以及焊球面阵的密度比 CBGA 低。

（2）CBGA（Ceramic BGA）陶瓷封装 BGA：在 BGA 封装系列中，CBGA 历史最长。它的基板是多层陶瓷，金属盖板用密封焊料焊接在基板上，用以保护芯片、引线及焊盘。焊球材料为高温共晶焊料 Sn 10 Pb 90，焊球和封装体的连接需使用低温共晶焊料 Sn 63 Pb 37。优点为：共面性好，焊点形成容易，但焊点平行度较差；封装组件的可靠性高；对湿气不敏感，封装密度高。其缺点为：由于热膨胀系数不同，和环氧板的热匹配差，焊点疲劳是主要的失效形式；焊球在封装体边缘对准困难；成本高。

（3）TBGA（Tape BGA）带载 BGA：TBGA 是一种有腔体结构，TBGA 封装的芯片与基板互连方式有两种：倒装焊键合和引线键合。芯片倒装键合在多层布线柔性载带上；用作电路 I/O 端的周边数组焊料球安装在柔性载带下面；它的厚密封盖板又是散热器（热沉），同时还起到加固封装体的作用，使柔性基片下面的焊料球具有较好的共面性。芯片黏结在芯腔的铜热沉上；芯片焊盘与多层布线柔性载带基片焊盘用引线键合互连；用密封剂将电路芯片、引线、柔性载带焊盘包封（灌封或涂敷）起来。优点为：尽管在芯片连接中局部存在应力，但总体上同环氧板的热匹配较好；贴装是可以通过封装体边缘对准；是最为经济的封装形式。其缺点为：不同材料的多元回合对可靠性产生不利的影响；对热和湿气敏感。

2. BGA 器件特性

与相同封装尺寸的 QFP 相比，BGA 具有以下显著特点：

（1）I/O 引线节距大。引脚节距有 1.0 mm、1.27 mm、1.5 mm，可容纳的 I/O 数目大，如 1.27 mm 节距的 BGA 在 25 mm 边长的面积上可容纳 350 个 I/O，而 0.5 mm 节距的 QFP 在 40 mm 边长的面积上只容纳 304 个 I/O。

（2）封装可靠性高。引脚不易损坏，焊点缺陷率低，<1 ppm / 焊点，焊点牢固。

（3）机器对中更准。QFP 芯片对中贴放通常由操作人员用手工来操作，当管脚节距小于 0.4 mm 时，手工对中与焊接十分困难。而 BGA 芯片的脚节距较大，借助对中放大系统，对中与焊接都不困难。

（4）钢网容易加工。容易对大尺寸基板加工丝网板。

（5）引脚水平度一致性高。较 QFP 引脚水平度一致性容易保证，因为焊锡球在熔化以后可以自动补偿芯片与基板之间的平面误差。

（6）再流焊接时，焊点之间的张力产生良好的自对中效果，允许有 50%的贴片精度误差。

（7）芯片焊点难以检测。焊接后需 X 射线检验，另外由于管脚呈球栅阵列，需多层基板布线，使基板制造成本增加。

技能 2 BGA 器件返修

BGA 器件返修需专用的 BGA 返修设备。图 3-19 所示，是 EA-H15X 的 BGA 返修台，其主要构成包括上加热器、底部加热器、线路板装夹支架、红外温控系统 RPC（Remote Procedure Call

Protocol，远程过程调用协议）监控系统、光学棱镜对位系统和冷却系统等部分组成。

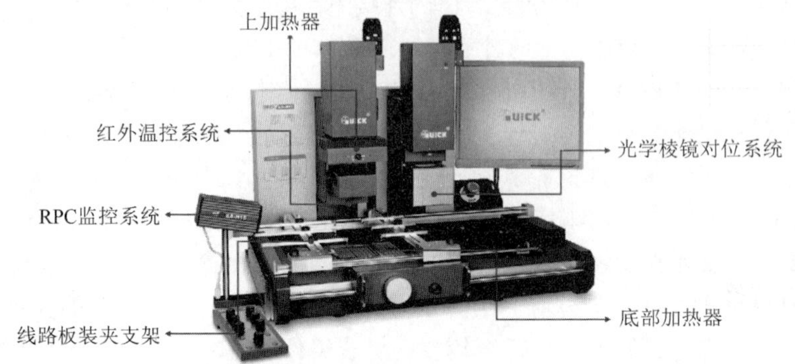

图 3-19　EA-H15X BGA 返修台

根据生产实际，BGA 返修工艺步骤，分为返修准备、拆除芯片、清洗焊盘、涂抹辅料、贴放 BGA、焊接 BGA、焊后检验等七个步骤，如图 3-20 所示。

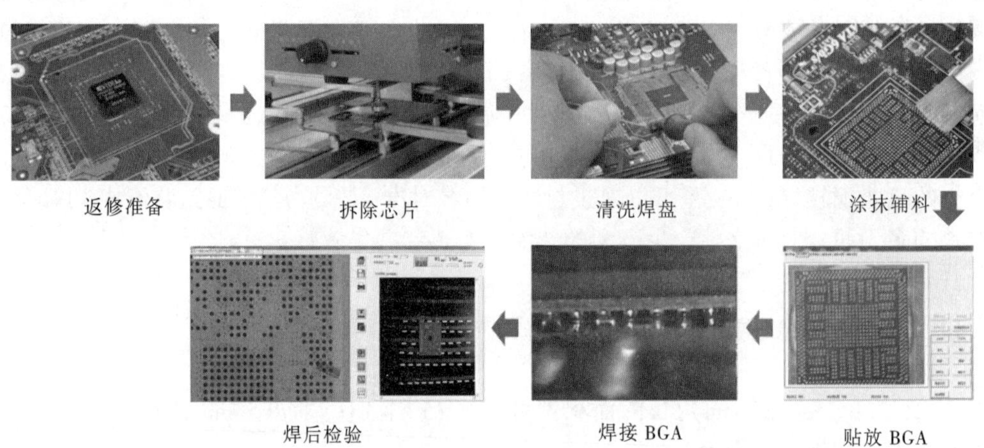

图 3-20　BGA 返修工艺步骤

1. 返修准备

返修设备：EA-H15X BGA 返修台。

返修工具：电烙铁、刮刀、小钢网、真空吸笔、剪刀、镊子、画笔（涂焊膏用）、防静电腕带、防静电清洗器（用于 BGA 清洗）。

返修辅料：膏状助焊剂、清洗剂（有铅、无铅分开）、吸锡编带、有铅锡膏（Sn 63 Pb 37、NC-92 J）、无铅锡膏（Sn 96.5 Ag 3.0 Cu 0.5）、锡球、碎白布。

PCBA 烘烤准备及相关要求：

（1）烘烤时间。根据基板暴露时间不同，确定烘烤时间及温度，见表 3-6。SMT 送修 PCBA 默认小于 24 h，可以不经过烘烤，BGA 返修接收 PCBA 后 10 h 内完成返修，若不能完成，BGA 及基板、相关物料，须放置在干燥箱保存。PCBA 暴露时间，以 PCBA 制成板条码上的加工月份时间为准，当月 PCBA 默认 1 个月，以此类推。

表 3-6　返修 BGA 基板烘烤参数

暴露时间	≤2 个月	2 个月以上
烘烤时间	10 h	20 h
烘烤温度	（105 ± 5）℃	（105 ± 5）℃

（2）准备注意。

第一，当基板上含有光纤、电池、塑胶类拉手条等温度敏感组件，需单独拆卸后，再烘烤基板。

第二，查看待修 BGA 周围 10 mm 内，是否有高度影响热风喷嘴加热的器件，若有，需拆卸后，再返修。

第三，返修 BGA 背面，距离 10 mm 及 10 mm 以外有散热器、插装晶振、电解电容、塑胶导光柱、非高温条形码、BGA、BGA 插座及通孔塑封器件如塑封连接器，须在其表面贴 5 ~ 6 层高温胶纸密封后才可返修，若在 10 mm 以内则需要将相应器件拆除（BGA 除外）后才可以返修。

第四，返修的器件是 CCGA、CBGA、对贴 BGA 及锡球材料不是 63Sn/37Pb 的焊锡材料时，必须使用印刷锡膏方式进行返修，当是 63Sn/37Pb 的焊锡材料时，可用助焊膏或印刷锡膏方式焊接；当使用锡膏焊接时，需要用与器件焊盘相对应的印锡小钢网进行印锡。

第五，无铅器件的返修，针对小于 15 mm × 15 mm 的 BGA，可以使用涂助焊膏的方式焊接，其他大尺寸 BGA 必须使用印刷锡膏的方式焊接。

第六，返修前，如果设备超过 30 min 没有加热，必须对设备进行预热。预热程序可为任何返修程序。

第七，基板定位与支撑。支撑杆的位置，尽量对称分布（尽量使得 PCBA 受热均匀为原则），不能碰到底部的器件。支撑杆位置优选位于基板中间，使基板保持平面，不能支撑到器件上，如图 3-21（a）所示，并且将卡扣扣紧及定位销锁紧，如图 3-21（b）所示。对于较小基板，可以采取旋转支撑块 90° 来进行固定。

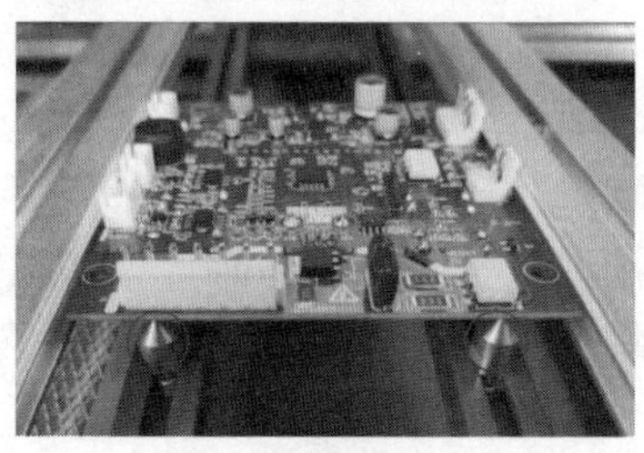

（a）基板定位

（b）基板锁紧

图 3-21　BGA 返修板的定位与支撑

扫一扫

PCB 固定支撑

第八，加热焊嘴选择和更换。选用实际尺寸比 BGA 大 2 ~ 5 mm 的焊嘴，但不能触碰到周边的元器件，使用完后要放回工装架的对应位置上。焊嘴更换，本体部位转 30°，即可安装上，不要强力拔出，避免损伤真空吸杆和连接的硅胶吸嘴及垫圈。

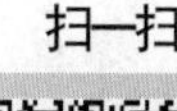

芯片拆焊

2. 拆除 BGA

以 EA-H15X 返修工作台为例，拆卸 BGA 分为返修台启动调用拆焊加热程序、设定参数、加热拆卸等四个操作步骤。

第一步，BGA 返修台启动，见表 3-7。

表 3-7　BGA 返修工作台启动过程

启动步骤	图例
1. 打开电控箱总电源，并解除急停状态	
2. 打开电脑开启按钮	
3. 在桌面双击像标打开“BGASOFT”返修软件	
4. 进入操作页面	
5. 登录权限账户，默认无密码，如需要可以设定	

第二步，程序的调用及模式选择。根据 BGA 返修工艺文件，以无铅器件试样为例，如图 3-22 所示，在打开“BGASOFT”的界面上，首先选择菜单“操作界面”，然后单击“选择流程”按钮，在弹出的程序目录窗口中选择“电子装联 BGA 焊接程序”程序，单击“确定”按钮，弹出图 3-23 所示的界面，选择“电子装联 BGA 焊接程序.medl”文件后，单击“打开”按钮，即可完成此焊接程序调用。随后，在如图 3-24 所示中，根据实际情况选择“拆”或者“焊”模式。

第三步，返修参数设定。在打开的“BGASOFT”界面上，在选择菜单上，切换到“参数调试”界面，界面显示如图 3-25 所示。根据 BGA 返修工艺文件进行设置，将鼠标直接移动到所需设置的参数上，双击选定或直接输入设定的数值即可，可设置的参数包括底部预热温度 Tir、预热阈值温度 T0、熔化报警温度 TL 等相关参数。如果要修改某步骤的具体参数，则要先选择步骤，再进行参数修改。修改结束后，单击“参数保存”按钮。返回到“操作界面”重新选择步骤后即可。

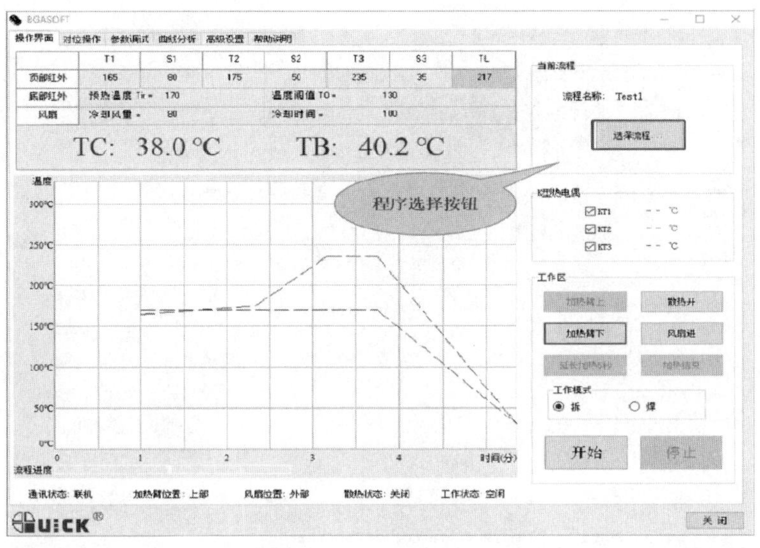

图 3-22　选择流程界面

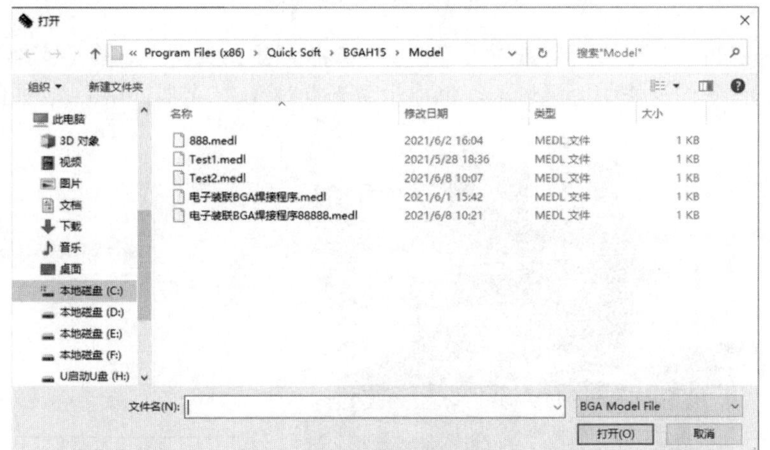

图 3-23　选择无铅芯片试样文件界面

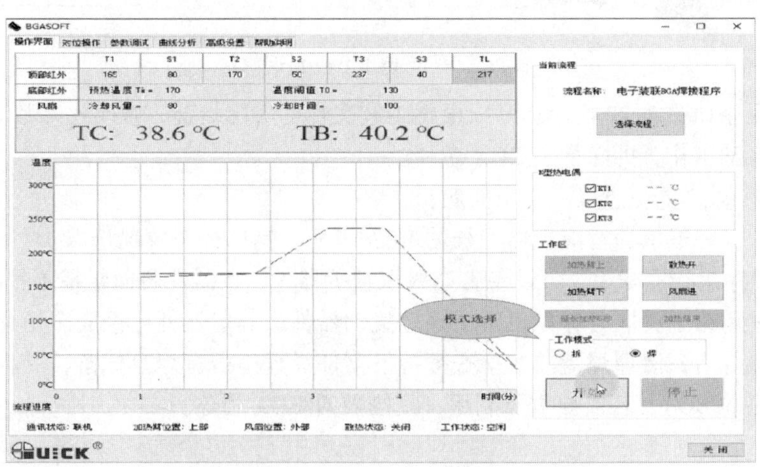

图 3-24　“拆”或者“焊”模式选择界面

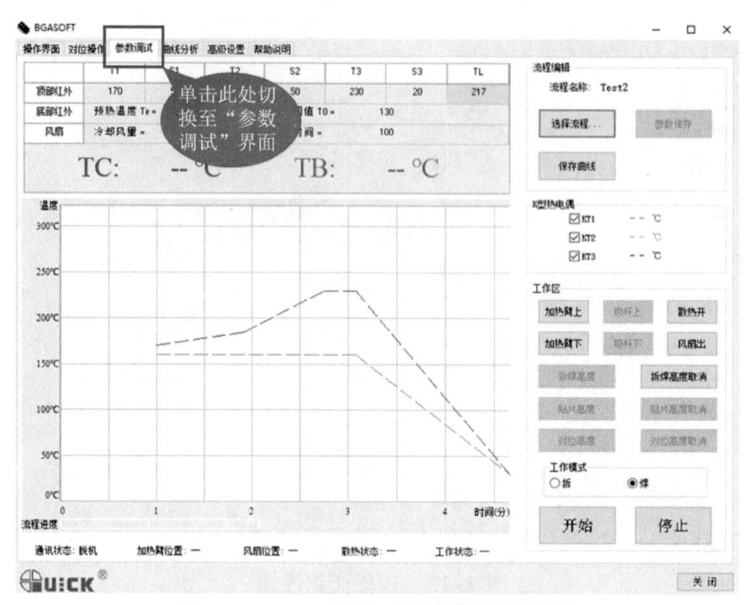

图 3-25　BGA 返修“参数调试”界面

第四步，加热拆焊。把所需要进行返修的 PCBA 板固定到支架上，移动支架，调节微调旋钮，使器件到达设备的返修中心区域（红色指示激光点对准 BGA 器件中心），如图 3-26 所示。

图 3-26　固定 PCBA 板到返修区

设置拆焊程序如图 3-27 所示。可以根据工艺文件的实际情况，修改各参数。单击“开始”按钮，拆焊台自动工作，拆除指定 BGA 芯片。

在拆焊 BGA 时，要注意以下几个问题：

（1）返修程序一般依据对应规格型号的 BGA 尺寸、锡球分布情况选取。

（2）返修程序运行完毕后，由设备自动吸取被拆器件，在器件表面粗糙不平情况下允许采用镊子夹取；采用镊子夹取时，先用镊子轻轻拨动器件，确定器件已经完全熔化后立即夹起。

（3）拆卸器件后，清理焊盘前，检查被拆下器件焊盘是否有焊盘掉落，受损等缺陷。

（4）拆卸完的 BGA，若需要重复利用，则需要对 BGA 植球。

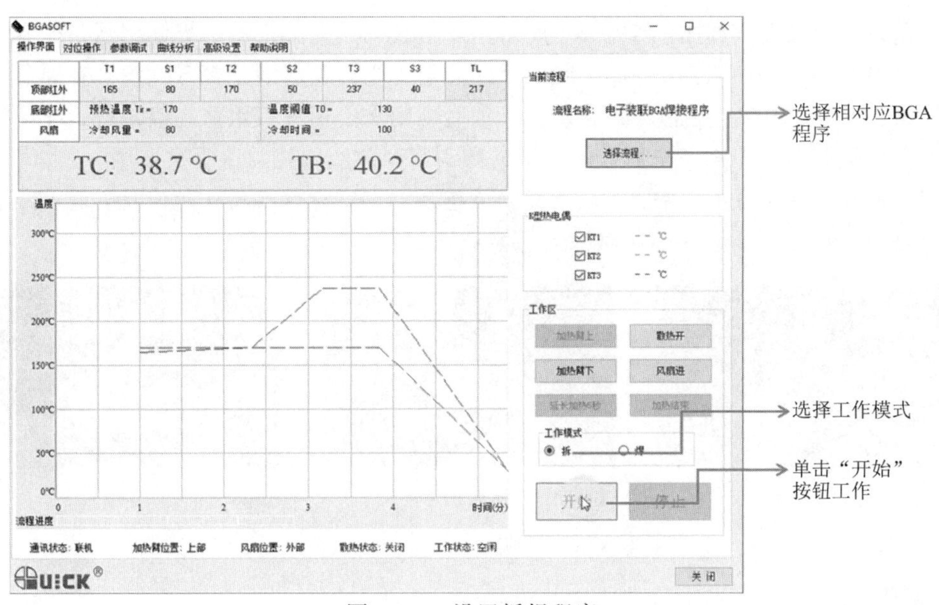

图 3-27 设置拆焊程序

3. 清理焊盘

PCB 清理

将 PCBA 放置在工作台上并用烙铁、吸锡带将焊盘上多余的残锡吸走，平整焊盘。

（1）清理时，将吸锡带放置于焊盘上，一手将吸锡带向上提起，一手将烙铁放在吸锡带上，轻压烙铁，将 BGA 焊盘上残余焊锡熔化并吸附到吸锡带上后，再将吸锡带移至其他位置，去吸取其余部分的焊锡，不能用力在焊盘上进行拖拉，避免将焊盘损坏。

（2）有铅器件焊盘清理，烙铁温度<实测值>（340 ± 40）℃；无铅器件焊盘清理，烙铁温度<实测值>（370 ± 30）℃；对于 CBGA、CCGA 焊盘清理，烙铁温度设置<实测值>（400 ± 30）℃。清理后用清洗剂清除器件和基板焊盘上的焊锡残留物和外来物质等，清理干净后用 20~50 倍放大镜检查器件和基板焊盘，线路等有无划伤、脱落受损等缺陷。

4. 涂抹辅料

确定辅料涂抹的方式，采用印锡还是刷涂助焊膏方式进行返修。针对无铅器件，返修 BGA 器件尺寸大于 15 mm × 15 mm 的，必须采用印刷锡膏的方法进行返修；不得采用涂抹助焊膏的方式返修。

（1）涂敷助焊膏。用画笔蘸少许助焊膏，在焊盘上来回轻轻涂抹，如图 3-28 所示。检查焊盘上助焊膏的涂抹情况，要求助焊膏涂布均匀，不可有助焊膏堆积现象，不可有纤维、毛发等残留；若有，需要重新清洗后，再次涂抹。

图 3-28 BGA 器件涂抹助焊膏

（2）印刷锡膏。选择对应 BGA 的印锡钢网，将印锡的小钢网定位并用胶带粘贴与基板上；注意需要使钢网开口和焊盘完全重合，不错位，如图 3-29（a）所示。用刮刀取适量锡膏，然后在小钢网上刮过，刮锡膏时尽量使锡膏能在钢网和刮刀之间滚动，如图 3-29（b）所示。用手或工具向上慢慢的提起钢网，提取的过程中，要减少手的抖动，如图 3-29（c）所示。目检印锡质量及周围是否有溅锡，看焊盘是否有漏印、连锡、少锡、拉尖、偏位等不良情况，如有，则需要用洗板水将焊盘清理干净，并待洗板水挥发后重新印刷。印刷完毕后，清洗钢网和刮刀，放回原位，待下次取用。

注意：若 BGA 锡球布局较密，基板上无法放置小钢网，可以用植球钢网放置在 BGA 上，印锡膏的方法与基板上印锡膏方法相同，注意小心操作，避免损坏 BGA。

（a）钢网对中

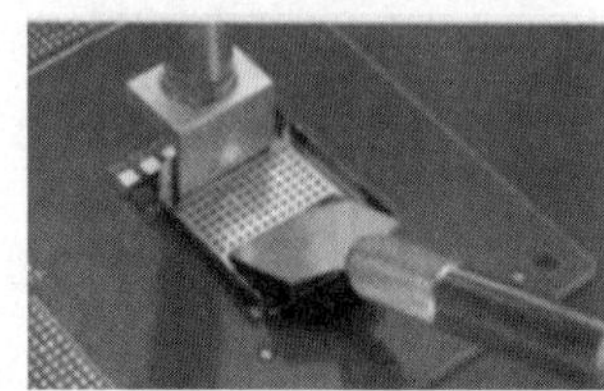

（b）涂助焊膏

（c）脱网

图 3-29　钢网对中涂敷助焊膏

5. 贴放 BGA

扫一扫

对位

（1）真空吸笔吸取 BGA。核对 BGA 的编码、方向要和维修 PCBA 一致；检查 BGA 器件的焊球是否有异常，如焊球大小不一、缺球、焊球形状不规则等，确认 BGA 完好后，用真空吸笔吸取 BGA，如图 3-30（a）所示。

（2）定位 PCBA。将涂抹好辅料的 PCBA 平稳放置在工作台上，并对 PCBA 底部进行均匀支撑。

（3）影像对位。启动影像对位系统，将器件放在机器喷口中的吸嘴上，使器件和焊盘的影像重合，如图 3-30（b）所示。具体操作如下：

（a）真空吸笔吸取 BGA

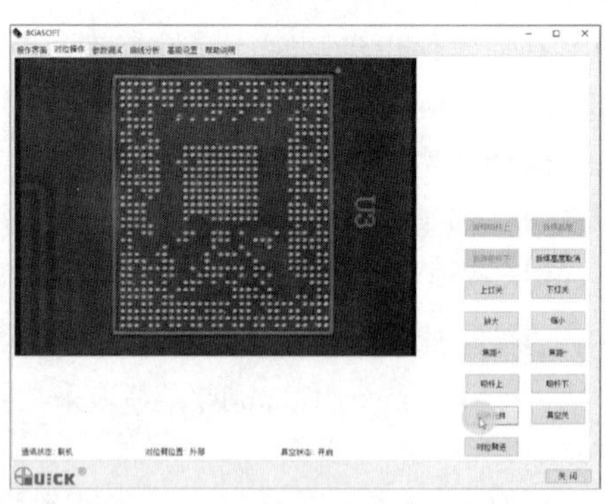

（b）影像对位

图 3-30　钢网对中涂敷助焊膏

首先，打开“BGASOFT”返修软件进入“对位操作”界面，如图 3-31 所示，单元界面右下“真空关”按钮，吸嘴产生真空，把器件吸附在吸嘴上；调正 BGA 芯片放置位置，使 BGA 芯片图像处于视频中心位置。

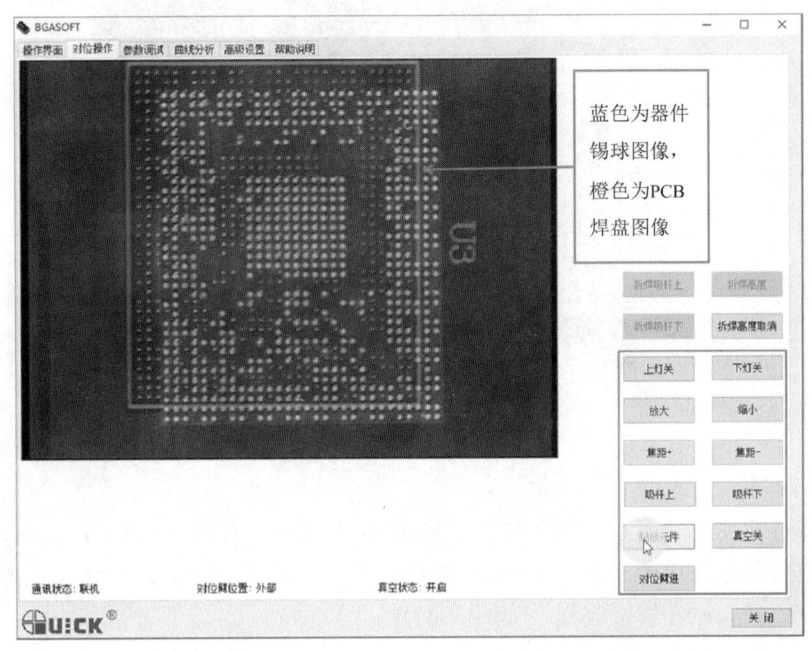

图 3-31　BGA 芯片光学对位贴放的操作界面

其次，在“BGASOFT”返修软件进入“对位操作”界面，通过键盘手动调节各按钮，观看影像的清晰度及焊盘和锡球的重合度，直到得到满意的结果。调节过程分为七个操作步骤：

第一步，“上灯关”按钮：关闭镜头上部灯光，即图像中不显示 BGA 器件，只显示橙色的基板焊盘。

第二步，“放大”“缩小”按钮：放大或缩小基板焊盘图像。

第三步，“焦距+”“焦距-”按钮，让基板焊盘橙色图像清晰。

第四步，“下灯关”旋钮：关闭底部灯光，打开上部灯光，只能看到顶部 BGA 锡球的蓝色图像。

第五步，“吸杆上”“吸杆下”按钮：调整 BGA 芯片高度，可以调节 BGA 锡球的蓝色图像的清晰度。

第六步，“贴放元件”按钮：当焊盘和锡球完全重合后，放置 BGA 芯片，便于后续焊接；

第七步，“对位臂进”按钮：调节 BGA 芯片放置角度。

最后，调节“上灯关”“下灯关”按钮，可以改变上下灯光的亮度比例，可以更清晰地看清焊盘和锡球的图像；通过支架的机械旋钮调节 BGA 芯片放置的前后左右位置，再通过“对位臂进”按钮调整 BGA 芯片的放置角度，让其上下重合，单击“贴放元件”按钮贴放 BGA 芯片。

（4）贴放 BGA。仔细观察、调整，使器件图像和焊盘图像完全重合，或核对器件丝印框与器件平齐，确认后，运行机器，完成贴放动作，如图 3-32 所示。同时，检查返修器件的高度是否一致，是否有高度不平、器件倾斜等异常。

图 3-32　置放 BGA

芯片焊接

6. 焊接 BGA

调整返修台的加热风罩，让其罩住待加热的 BGA 器件，如图 3-33（a）所示；调用相应程序的加热曲线，对 BGA 进行加热，如图 3-33（b）所示，程序运行完毕，完成器件焊接过程，如图 3-33（c）所示。

（a）加热风罩对位

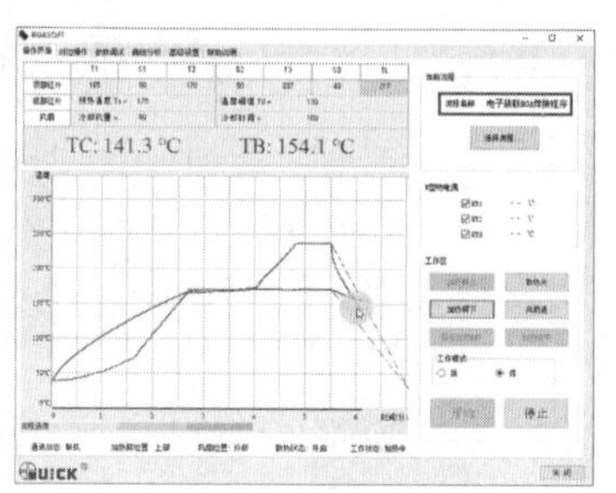

（b）运行程序

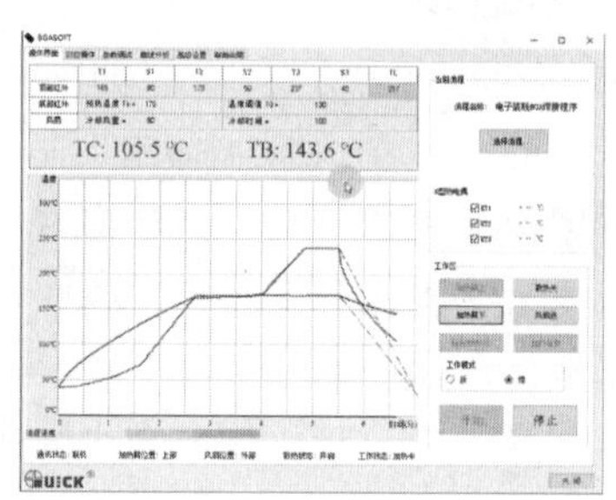

（c）完成焊接

图 3-33　焊接 BGA

再流焊接中一般使用保温型（平台型）和帐篷型（三角形）两种温度曲线。在保温型曲线中，焊接过程在一段时间内经历相同的温度。帐篷型温度曲线是一个连续的温度上升，从焊接进入炉子开始，直到焊接达到所希望的峰值温度。BGA 返修工作台不同于再流焊炉，温区有限，想做成平台型的曲线比较困难，所以一般都是采用三角形的曲线。注意：控制升温斜率≤3 ℃/s；也要注意冷却斜率，冷却快，锡点强度会稍微大一点，但不可以太快而引起元件内部的温度应力，一般冷却斜率≤5 ℃/s。制作曲线的关键是要对基板的底部进行充分的预热，以防止翘曲。

温度测试

BGA 芯片焊接具体操作步骤如下：

第一步，打开“BGASOFT”返修软件进入“参数调试”界面，选择“焊”单选按钮，设置 BGA 芯片焊接参数，设置步骤和拆焊设置步骤完全相同；参数设置完成后返回到“操作界面”，如图 3-34 所示为“BGASOFT”返修软件焊接操作界面。

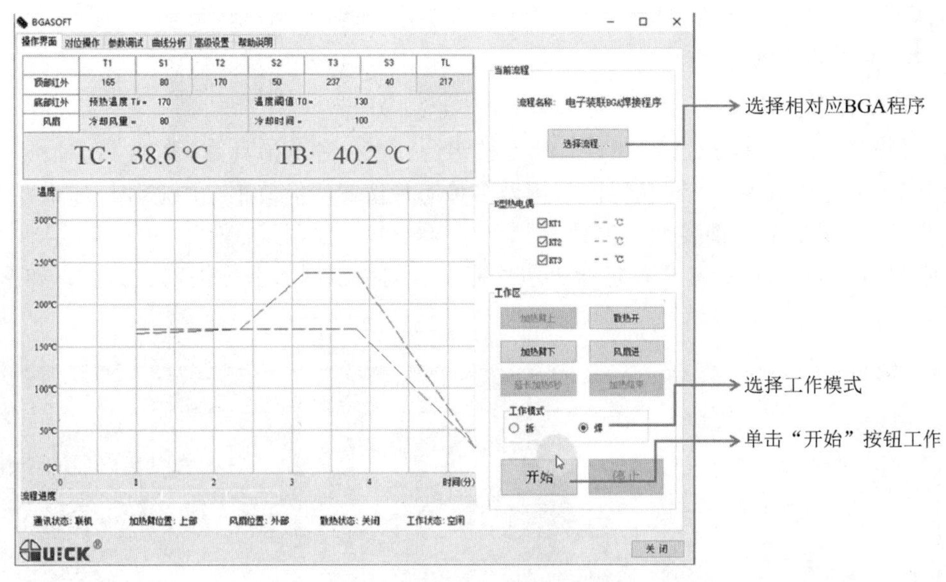

图 3-34 “BGASOFT”返修软件焊接操作界面

第二步，单击“开始”按钮，开始焊接。

第三步，在焊接过程中可通过侧边的 RPC 工艺监测摄像仪对 BGA 芯片再流焊接的影像观测，如图 3-35 所示为 BGA 芯片焊接状态图像；锡球熔化，器件整体塌陷，说明焊接已完成，焊接合格。

图 3-35 BGA 芯片焊接状态图像

第四步，焊接结束后，按正常计算机操作顺序关闭计算机，冷却后取出 PCBA 板并清理，同时要清理设备，关闭设备电源开关，整理好操作环境方可离开。

7. 焊后检验

扫一扫

返修检测

焊接完成，需要对 PCBA 进行检验。重点检验以下事项：

目视 BGA 四周的焊点，看是否有虚焊，连锡，背面冒锡珠等缺陷。并用 X-Ray 确定没有焊接质量问题后（必要时可用 3 D 显微镜检查焊接状况），才可以进行下一块 PCBA 返修或交接给下一工序。检查被焊接器件周围，是否有溅锡及其他缺陷，检查 PCBA 背面是否有片式元器件等被顶针压坏。用洗板水

清洗 BGA 周围多余的助焊膏残留。

技能 3　BGA 器件植球

1. BGA 植球治具

BGA 植球治具，又称 BGA 植球台、BGA 植锡台、BGA 种球治具等。BGA 植球治具主要用于小批量 BGA 芯片植锡，配合植锡网可用做多种芯片植锡，但节距小的芯片植球难度大，一次只能植一个芯片，植球前要调试治具等。

一般专用 BGA 植球治具主要包括放芯片底座、刮锡钢网和下球钢网三部分，如图 3-36 所示。

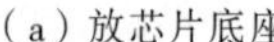
（a）放芯片底座

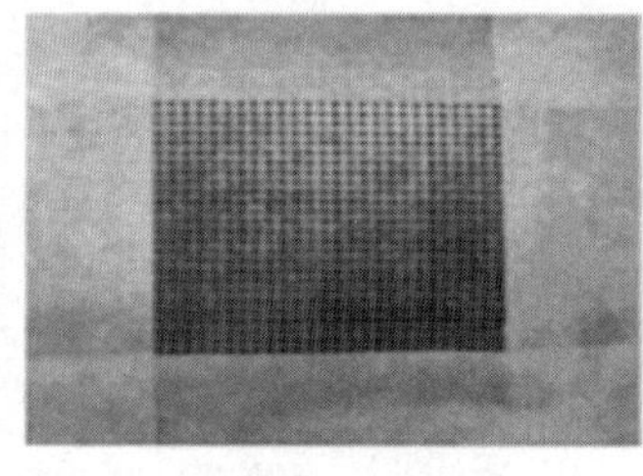

（b）刮锡钢网

（c）下球钢网

图 3-36　焊接 BGA

芯片多样、锡球有大有小，那么植球的时候就要用到不同开口形状及位置的钢网。一般钢网，以植球节距 0.25 ~ 0.7 mm 居多。

2. BGA 芯片植球

BGA 芯片植球是对拆解后的芯片进行再利用的一种工艺。由于拆卸后 BGA 底部的焊球被不同程度的破坏，如图 3-37（a）所示，因此必须将锡球如图 3-37（b）所示，通过附着到 BGA 引脚上，如图 3-37（c）所示才能再次使用。在选择 BGA 钢网时，由于 BGA 元器件的引脚节距较小，故而钢板的厚度较薄。一般钢板的厚度为 0.12 ~ 0.15 mm。BGA 的引脚节距越小，钢板厚度就越薄。钢板的开口视元器件的情况而定，通常情况下钢板的开口略小于焊盘。例如外形尺寸为 35 mm、引脚节距为 1.0 mm 的 BGA 焊盘直径为 0.58 mm，一般将钢网开口的大小控制在 0.53 mm。另外，要注意控制操作的环境，一般温度应控制在 25℃左右，湿度控制在 55%RH 左右。

（a）需植球的器件

（b）锡球

（c）已植球的器件

图 3-37　植球前后的器件比对

BGA 芯片植球详细过程，可分为九个操作步骤，如图 3-38 所示。

第一步，将 BGA 芯片放入 BGA 载入的底座中，如图 3-38（a）所示。

第二步，在 BGA 芯片的管脚均匀地涂抹助焊剂，如图 3-38（b）所示。

第三步，用吸锡条将 BGA 芯片的管脚抹平，如图 3-38（c）所示。

第四步，用酒精将 BGA 芯片的管脚擦拭干净，如图 3-38（d）所示。

第五步，在 BGA 芯片的管脚均匀地涂抹助焊剂，如图 3-38（e）所示。

第六步，调整好专用钢网的方向，将专用钢网完整地覆盖在 BGA 芯片的管脚上，不能有偏差，如图 3-38（f）所示。

第七步，将相应大小的锡球均匀地洒在钢网上，让每一个网内都有一个锡球，并将多余的锡球清理干净。

第八步，用热风枪给钢网均匀加热，防止钢网变形，然后，再依次加热，让每个锡球都充分熔化，如图 3-38（g）所示。

第九步，经过几分钟冷却后，将钢网取下，检查植球的质量，如图 3-38（h）所示。

（a）载入底座

（b）涂助焊剂

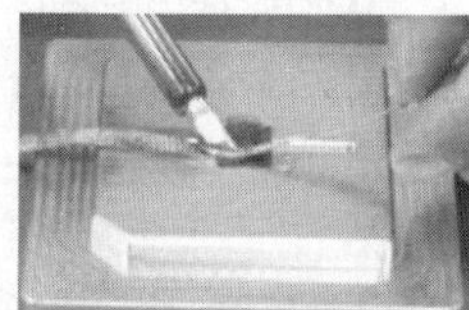

（c）抹平管脚

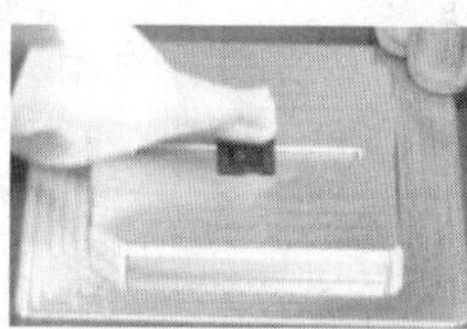

（d）擦拭干净

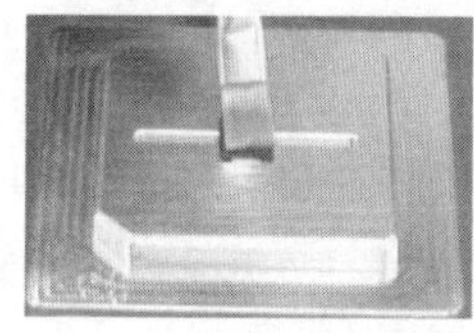

（e）涂助焊剂

（f）装钢网

（g）加热

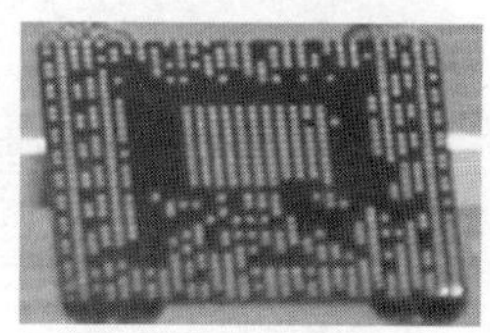

（h）检查植球

图 3-38　BGA 芯片植球过程

返修先得上治具，红外对准拆焊件，
设置参数要准确，温高温低白忙活，
清洁抹平再印膏，植球上锡更仔细，
锡球焊盘要对中，角度偏差要不得。
焊接温度要合适，锡化球塌正当时。

序号	评价维度		权重	评价情况		
				自我评价	小组评价	教师评价
1	技术性	能用一项或多项技能集成完成缺陷焊点返修工作	0.2			
2	质量性	生产工艺质量符合作业标准要求，缺陷率在允差之列	0.2			
3	规范性	操作步骤依循生产作业标准及相关安全操作规程	0.2			
4	经济性	作业效率达到作业工艺要求，原辅材料应用符合生产作业要求	0.15			
5	环保性	返修材料选用符合使用标准	0.05			
6	创新性	对作业方法、材料使用、设备操作有思考、见解	0.1			
7	职业性	敬业、守纪，合作、执行力强	0.1			

制程四

基板装联

“基板装联”制程是“1+X”电子装联职业技能等级标准（初级）第四个学习领域，该领域包含基板胶联、基板锁付二个典型工作任务。基板胶联任务重点学习点胶配件选装、点胶程序调用、点胶品质检测等知识与技能；基板锁付重点学习锁付配件选装、锁付程序调试、锁付品质检查等知识与技能。

任务1　基板胶联

任务目标

通过学习基板胶联任务，会安装胶筒、针头等配件，能正确调用点胶程序完成点胶作业。能初步检测点胶品质缺陷，具备独立完成点胶生产工艺的专业能力。

任务描述

在前序工作基础上，完成基板 dzzl-01 相关焊点补强任务，试样基板如图 4-1 所示。具体要求如下：

（1）对电容 C1 进行点胶补强，以增强基板抗跌落性能。

（2）建议使用自动点胶工艺。

图 4-1　试样基板

任务分析

根据工作任务的描述，分析如下：

点胶工艺分析：依据工艺要求，安装合适的胶水和对应的胶筒、针头等配件。

点胶良率分析：依据点胶工艺要求，设定点胶控制器；调用点胶运动程序，目检时重点关注出胶量，消除胶点偏移、拉丝、胶少、胶多等缺陷产生。

任务导图

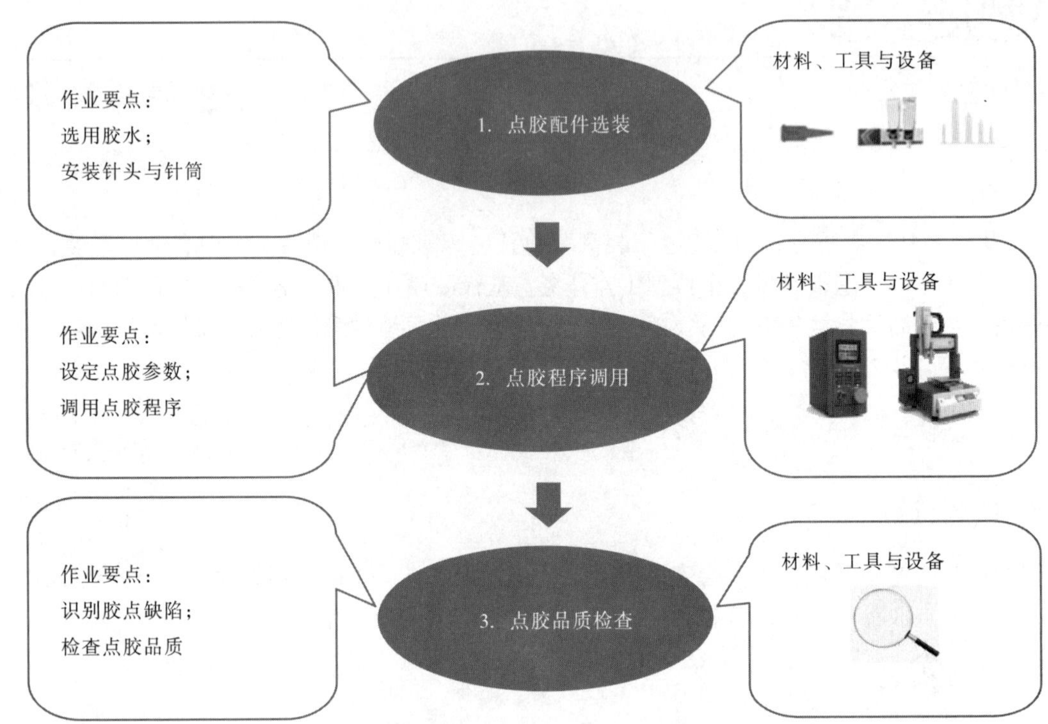

任务先通

匠心一点通

善于学习，超越自我。赵某 2015 年毕业后进入快克公司，从一名点胶操作员做起，虚心好学，在两年内，就掌握了公司摄像头模组精密点胶所有工艺，包含摄像头逃气孔的密封胶工艺、脖子胶的补强工艺、花瓣缝隙点胶等 10 种工艺。并在此基础上，专研创新，近 5 年来，为公司点胶工艺提出合理化改善建议 36 条，点胶产能提升产能 5 倍之多，在同事中享有“赵点子”的美称，现已成长为公司名副其实的点胶专家。

安全一点通

不遵操作规范，设备伤害随即至。2018 年 6 月 12 日上午 11 时 10 分，在某电子科技有限公司点胶车间 3 线，点胶作业员王某在未确认设备内部有无异物便启动设备进行归零操作。10 s 后便听到“咔”的巨响，并且设备报错归零异常，马达超载异常。经检查发现 Y 轴下方有一金属点胶针头卡住了导轨，导致 Y 轴马达过载异常。同时外力导致导轨变形。维修损失高达数万元。小检查未执行，大伤害随即至。

质量一点通

效益失于品质，品质出于马虎。2020 年 3 月 15 日夜，成都某电子公司点胶车间夜班作业员赵某，在交接班时未与白班作业员进行胶水保质期确认，就直接进行生产作业。后来质检人员巡检时发现胶水固化异常，立即进行停线检查。当时，赵某还一脸懵，后来调查发现赵某使用的胶水已经超出保质期 2 h，导致批量固化异常。后来因此次品质异常，公司规范了胶水领用使用规则，使作业步骤更加规范化。

任务实施

伴随电子产品小型化、轻量化，高可靠性的要求，在电子装联过程中，贴片或插件作业后，用补强胶填充到元器件底部，加热固化，从而达到加固元器件与基板结合力，增强基板抗跌落、防振动等性能。

作业 1 点胶配件选型与安装

点胶配件包含针头、针筒和适配器等。在选装点胶配件之前，应知晓胶水选型。

技能 1 胶水选型

胶水、针头的选型与安装

补强胶大概可以分为以下四个大类：

一、基板组装应用胶

（1）接插件固定。

（2）引线焊点保护、元件包封保护。

（3）BGA 四角固定。

（4）集成芯片与散热片间的导热。

（5）贴片元件固定。

（6）基板涂覆保护。

（7）小螺丝锁固、密封、标识。

（8）基板灌封保护。

二、家用电器与配件用胶

（1）发热元器件与其他组件之间的粘接密封。

（2）电子器件的灌封保护。

（3）边框、面板、内胆等组件的粘接密封。

（4）金属、塑料零配件粘接。

（5）螺丝锁固。

（6）线束、小零件的快速定位和粘接。

三、电源应用胶

（1）基板上接插件固定。

（2）防水电源的灌封保护。

四、连接线（件）应用胶

（1）PVC、铁氟龙线与基板焊点处包封保护。

（2）PVG 排线补强。

（3）FFC（柔性扁平）排线绝缘保护。

（4）连接件线束固定与防水保护。

基板 dzzl-01 电容 C1 使用的补强胶为固定接插件，采用白色硅胶，这是一种室温固化粘接的缩合型单组分有机硅胶粘剂，挤出性好，方便施胶。胶水对金属和大多数塑料具有优越的粘接性，固化后具有较好的抗冷热交变性能（-60 ~ 200 ℃）。附着力优异，有很好的抗震动冲击及变形能力；无腐蚀、挥发性小、电绝缘性能优越；耐紫外线、防潮、抗老化性能好、可修复性好、具有良好的耐磨性。作为黏接、密封、绝缘、防潮、防震材料，广泛应用于电子元件、半导体材料、电子电器等设备的黏接、密封，电加热器、电子仪表的防水、密封及电子元件的灌封等。具体如电加热末端的密封、小马达磁瓦和金属外壳的黏接、汽车车灯、光学仪器和镜头的粘合密封、电子仪表外壳的黏合、电机的绝缘保护、电子元件的黏合密封等。

技能 2　针头选型

影响胶点质量的重要参数包括针头的结构、针头的内、外径、针头离板高度等因素。

针头的内部结构主要为保证胶水能在针头内部顺利流动，同时为了减小表面张力，保证良好的胶点形状，针头的外形往往进行削边处理。

常见的针头有塑料座不锈钢针头、全塑料 TT 针头、挠性 PP 针头、特氟龙针头等。针头外观如图 4-2 所示。

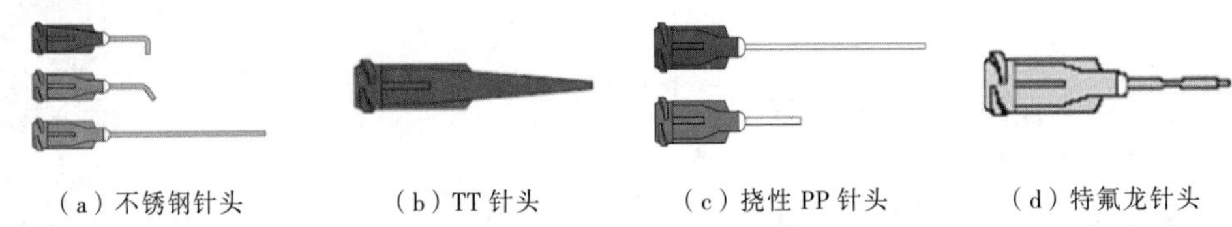

（a）不锈钢针头　（b）TT 针头　（c）挠性 PP 针头　（d）特氟龙针头

图 4-2　常见点胶针头

在工作实际中，针头内径大小应为胶点直径的 1/2 左右。点胶过程中，应根据产品大小、胶水的不同、点胶工艺的要求来选取点胶针头。这样既可以保证胶点质量，又可以提高生产效率。本任务中，由于胶水黏度比较大，胶量需求大，将使用适合黏度大，出胶量大的 14 GTT 斜式针头。

技能 3　胶筒选型

常见针筒有透明针筒、黑色针筒以及琥珀色针筒等，如图 4-3 所示。透明针筒一般用于常规普通胶水；黑色针筒和琥珀色针筒常用于 UV 胶，可以具备一定的遮光作用。本任务中，使用的胶水为硅胶，故使用透明针筒。

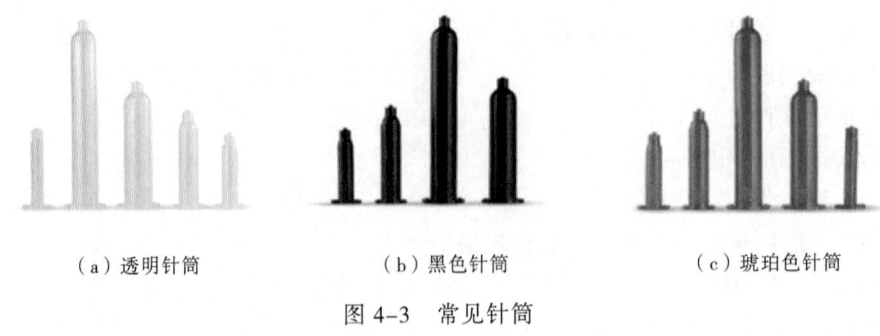

（a）透明针筒　（b）黑色针筒　（c）琥珀色针筒

图 4-3　常见针筒

技能 4　适配器选型

适配器是连接控制器和针筒之间的气路连接组件。点胶适配器的选择与胶水类型无关，主要根据胶水针筒的类型与尺寸进行选择，常见适配器有美式和日式之分，如图 4-4 所示。同为 5 cc 针筒，美式尺寸为内径 12.6 mm，外径 14.8 mm，长度 70.3 mm。日式尺寸为内径 13 mm，外径 15.3 mm，长度 76.5 mm 。

（a）美式适配器

（b）日式适配器

图 4-4　常用针筒适配器

技能 5　针头、胶筒安装

安装针头与胶筒分为三个操作步骤：

第一步，将针头顺时针旋转安装到胶筒头部，保证安装到位、无松动。

第二步，将胶筒和适配器安装到一起。

第三步，将组装好的胶筒安装到机器 Z 轴的胶筒固定组件上，并锁紧螺丝，保证胶筒无松动。

作业 2　点胶程序调用

点胶机可分为，人工手动点胶机、半自动点胶机、全自动点胶机、在线式点胶机等，如图 4-5 所示。

人工手动点胶机，如图 4-5（a）所示，主要应用于小批量多品种的产品生产，便于人工作业，能精准地控制出胶时间，配合适当的外力作用即可立即点胶。

半自动点胶机，如图 4-5（b）所示，部分动作如需加工部件的放置与取出是手动进行的，部件的定位是靠治具保证的，而不是靠光学定位系统来保证的。一般只适用于时间-压力式点胶阀且位置精度要求不高的加工场合。

全自动点胶机，如图 4-5（c）所示，是为使用者提供精准、快速及稳定的点胶质量，让点胶制程能以机器取代人工，能为用户降低成本、提高效率与质量的自动化设备。

在线式点胶机，如图 4-5（d）所示，在全自动点胶机的基础上，增加了 MES 系统数据读取的功能，可以自动储存设备运行数据以及工艺数据，方便设备维护保养以及质量追溯。

（a）人工手动点胶机

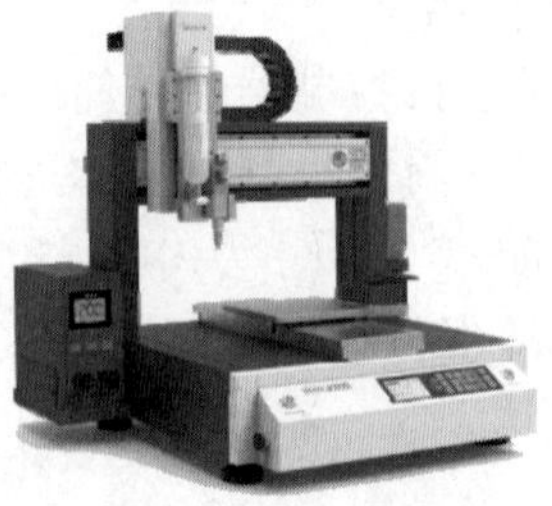

（b）半自动点胶机

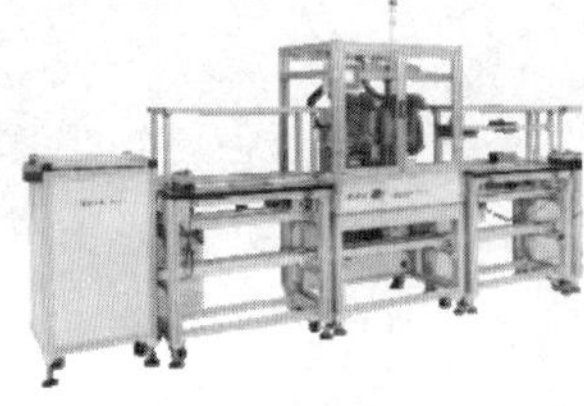

（c）全自动点胶机

（d）在线式点胶机

图 4-5　点胶机类型

点胶生产前，必须设置点胶机器人中各部件的参数，本作业以行业中常用的 ET 8383X 点胶机器人为例，阐述各部件的参数设置。ET 8383X 主要由点胶组件、三轴运动控制平台、点胶控制器、示教盒等部分组成，其外观如图 4-6 所示。

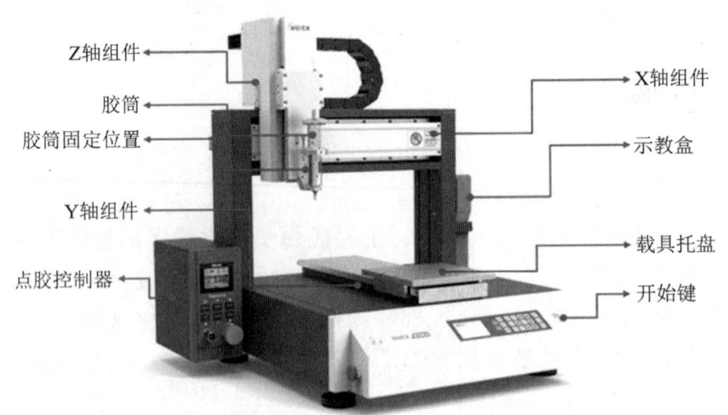

图 4-6　ET 8383X 点胶机器人

技能 1　调用点胶程序

调用点胶程序：在示教盒主页面按“1”文件加工，进入加工文件列表，找到要加工的文件，按两次“ENT”进入文件加工界面，操作点胶机面板上的“START/PAUSE”按钮，加工文件开始运行。

技能 2　点胶控制器设定

点胶控制器主要控制气压、时间、点胶起点延时、点胶末点延时。通过控制气压及时间，调整胶量及轨迹路径。点胶控制器外形如图 4-7 所示。

扫一扫

点胶控制器参数设置与胶量检测

点胶控制器使用有四个操作步骤，如图 4-8 所示。

图 4-7　点胶控制器

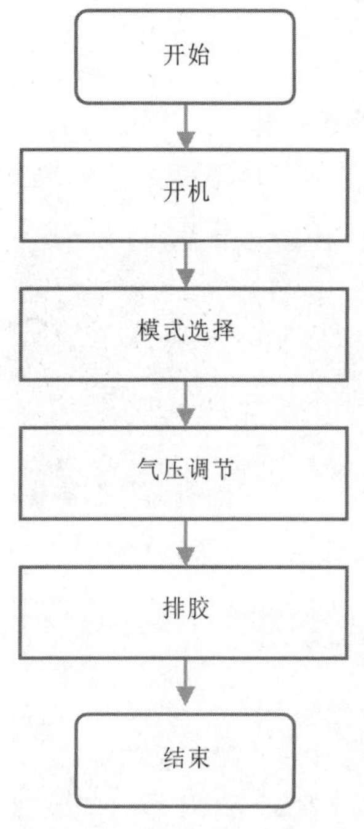

图 4-8　点胶控制器使用步骤

第一步，开机。长按控制器面板上的“POWER”键完成开机。

第二步，模式选择。长按“MODE”键进入设置界面，按“PURGE”键将红色框移动到模式设置窗口，按“UP/DOWN”键将控制器模式调整为“手动模式”，长按“MODE”键保存并返回到工作界面。

第三步，气压调节。调节控制器面板上的气压旋钮，将供料气压调节到 0.3 MPa，调节负压旋钮，将负压调为 0 kPa。如果胶水黏度低，可以适当调整负压，避免针头胶水滴漏。

第四步，排胶。完成以上点胶控制器的参数设置，按住“SHOT”键就可以排胶了。

作业 3　点胶品质检测

为保证点胶品质，有些胶水的应用场景需要通过胶量称重配合目视检查来确定产品品质；而有些胶水则仅需要通过目视检查来确定产品品质。

技能 1　胶量称重

在实际生产过程中，有些电子产品对胶量要求控制特别严格，如智能穿戴设备、声学器件及微型摄像组件等。对以上产品进行点胶作业时，SOP 会明确规定对胶量进行称重检测。

（1）胶量称重检测所需设备/工具：点胶设备、载玻片、天平电子秤、无尘布。

（2）胶量称重方法：

① 取出载玻片，放在天平电子秤上，称重并清零。

② 将载玻片放到点胶设备上，运行点胶程序，将胶水再次点在载玻片上，称重得出点胶量。

③ 通过调整“气压、开料延时、图行速度”等参数调整胶量，直到满足要求。

技能 2 胶点检查

扫一扫

点胶生产流程与点胶质量检查

本作业，通过目视检查点胶状态，判定点胶是否均匀，是否存在断胶等缺陷。

1. 目视检查标准

胶水必须围绕元件呈现对称分布，部分元器件点胶示例如图 4-9 所示。

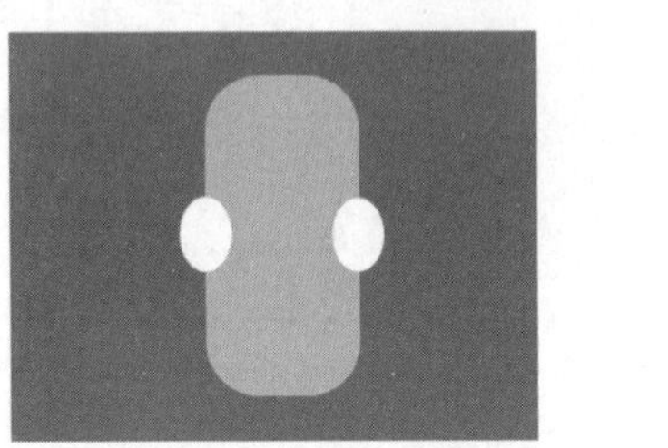

（a）单变压器点胶位置

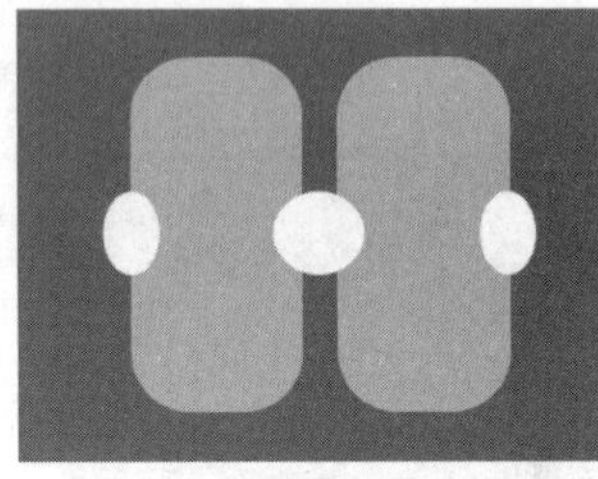

（b）多变压器点胶位置

（c）电解电容点胶位置

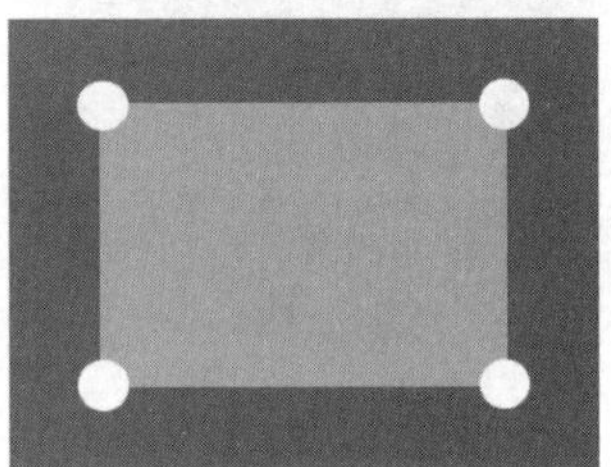

（d）钽电容点胶位置

图 4-9 部分元器件点胶示例

2. 常见点胶缺陷识别

点胶常见缺陷如图 4-10 所示。

（a）过多

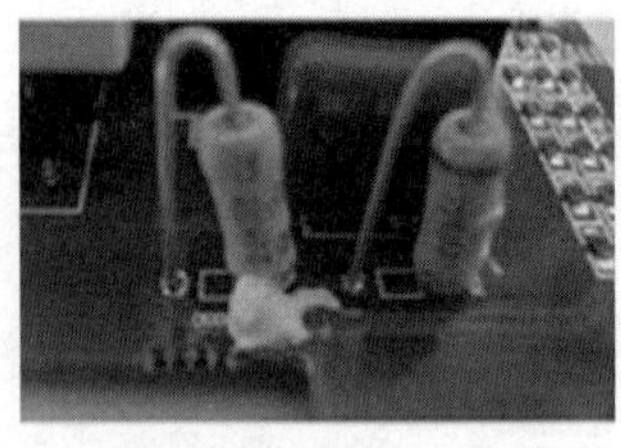

（b）过少

（c）不成形

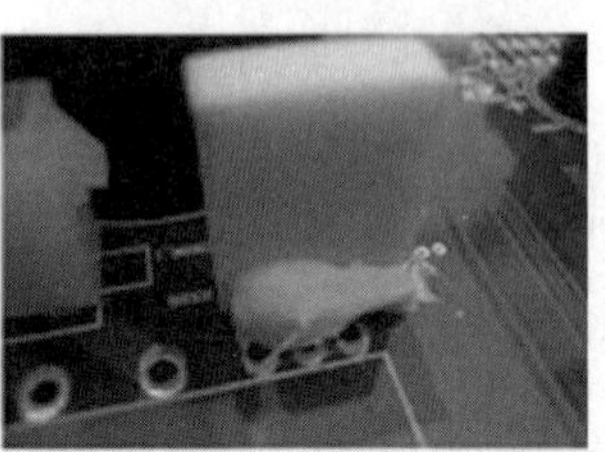

（d）堵住过孔

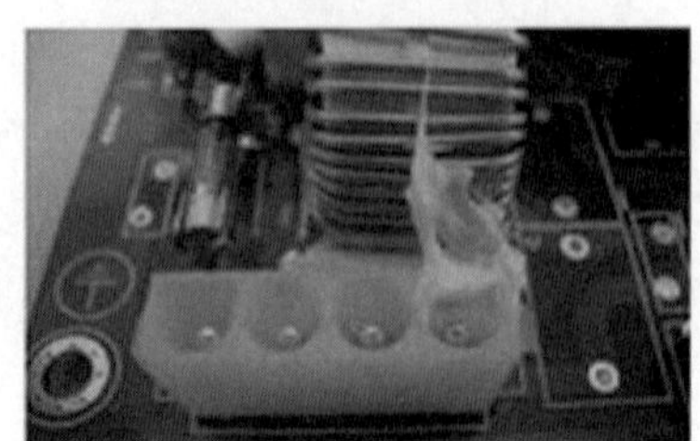

（e）堵塞其他插件

（f）沾污其他元件

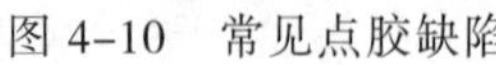

图 4-10 常见点胶缺陷

任务要诀

点胶作业很重要，粘住器件跑不掉；
胶量控制要做好，位置对称要记牢；
点胶缺陷要不得，做好检测少不了。

工作评价

序号	评价维度		权重	评价情况		
				自我评价	小组评价	教师评价
1	技术性	（1）正确安装针头、胶筒 （2）正确设定调用点胶程序、设定参数	0.2			
2	质量性	（3）点胶重量及直径在目标值内 （4）品质意识内化于各作业环节	0.2			
3	规范性	（5）按照作业指导书操作 （6）按照行业技术标准执行	0.2			
4	经济性	（7）作业效率高 （8）材料使用少	0.15			
5	环保性	（9）胶水符合环保标准 （10）电能消耗最低	0.05			
6	创新性	（11）工艺优化有效提升作业效率与品质	0.1			
7	职业性	（12）敬业，遵守车间工作纪律 （13）协作，按质按量完成工作	0.1			

任务2　基板锁付

任务目标

通过基板锁付任务学习，了解螺丝锁付工艺原理，会选用安装供料机、吸嘴、批头等配件，会操作与编程螺丝锁付机器人，会设定与校准电批控制器的扭矩，检查和判断锁付品质，具备独立完成锁付工艺生产的专业能力。

任务描述

在前序工作基础上，针对检测合格后的dzzl-01基板，将其锁付到金属背板上，锁付要求具体如下：

（1）锁付位置为基板四个角部，试样板如图4-11所示。

（2）生产组装工艺采用自动化锁付设备。

（3）锁付良率≥99.5%。

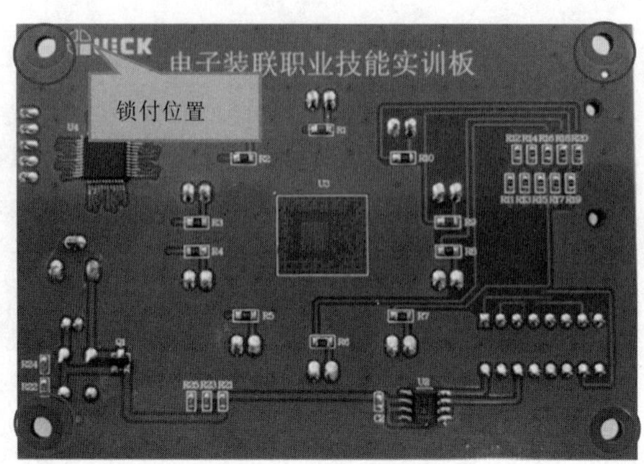

图 4-11　锁付位置示例

任务分析

根据工作任务的描述，分析如下：

产品特征分析：观察试样，结合螺丝尺寸以及螺丝孔的位置特点，选择合适的供料机、批头、吸嘴、吸嘴组件。

锁付工艺分析：依据样品工艺要求，结合锁付产品特性，设置智能电批参数。

良率控制分析：依据样品 SOP 要求，能正确设定智能电批控制器，能编辑扭矩、角度、时间、曲线等锁付参数，避免出现滑锁、浮牙等缺陷产生。

任务导图

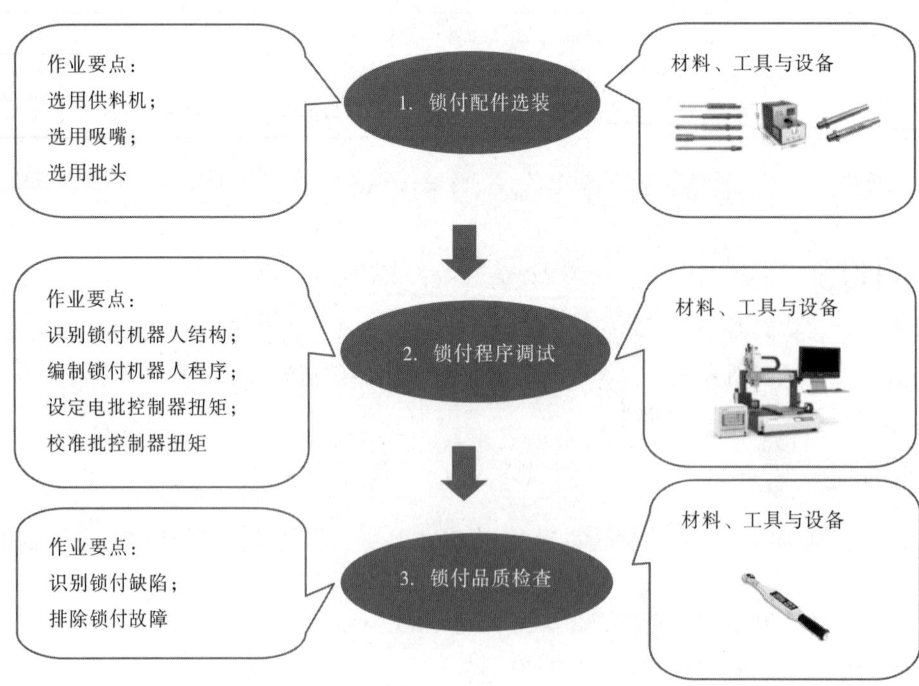

任务先通

匠心一点通

辛劳 90 个日夜，只为节省客户成本。2020 年，某装备股份有限公司张某团队接受杭州某电子公司委托，定制开发螺丝锁付机器人，需要进行数个螺丝锁付，因为螺丝尺寸差异较大，按照惯例，客户需要定制 6 台螺丝锁付机器人，但考虑到方案预算的问题，无法购买 6 台机器人。张某带领产品研发团队，历经 90 个日夜的辛劳，在现有设备的基础上增加一个螺丝供料器，使得一台螺丝锁付机器人可以锁付两款螺丝。使得最终客户只需要购买 3 台锁付机器人，节省客户成本。

安全一点通

作业操作失当，伤筋又伤骨。2017 年 11 月 13 日凌晨 2 时，惠州某电子公司一条生产电池的自动化 U 型流水线上的自动螺丝锁付机器人出现了故障，工程部门安排一名资深员工老王和新进员工小陈协助维修，在现场发现故障为批头取螺丝失败，老王借此机会，在现场对小陈进行技术培训。小陈在听取老王关于此异常的处理方式后，立刻处理此异常，此时，批头突然动作，插入机器维修的小陈的手掌里面，血洒满地，急送医院医治，经查，事故导致该维护员右手掌一血管破裂，掌骨骨折。追溯事故原因，维修时未按下紧急开关或关机。最后，以此事例对全公司进行安全操作教育。操作适当，导致人员受伤。

质量一点通

抽检过程很重要，漏检返工损失大。2016 年 2 月 16 日深夜，在深圳某电子科技有限公司的生产线，螺丝锁付设备操作员王某在上夜班时，未按照公司抽检要求：每两小时要对螺丝锁付产品进行异常抽检。导致在换白班时发现螺丝长度更换错误，出现大量产品螺丝浮锁，未能及时发现，使得大批产品返工，导致出货延时，给公司带来近 2 万元损失。

任务实施

基板锁付是利用螺丝锁付机器人实现螺丝的自动送料、锁付、检测等装配的工序。在锁付任务中，主要学习锁付配件选装、锁付程序调试、锁付品质检查等专业技能。

作业 1　锁付配件选装

锁付配件是基板锁付工艺中的关键材料，主要包括供料机、批头、吸嘴、吸嘴组件。配件选择直接影响锁付品质。因此，在锁付生产中，首先应掌握锁付配件的选用，并能调试供料机，提升锁付品质。

技能 1　锁付配件选型

在锁付作业前，配件的选型必须根据作业指导书和实际测量的螺丝规格来确定，主要包括供料机、批头、吸嘴及吸嘴组件的选型。

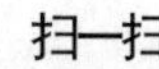

批头吸嘴组件供料机的选型

1. 供料机选型

本作业主要以 ET7483KX 螺丝锁付机器人为例，了解气吸式供料机结构，如图 4-12 所示。气吸式供料机一般是由电源开关、参数设置界面、调节压板、缺料传感器、供料转盘毛刷、上料滚筒这几部分组成。

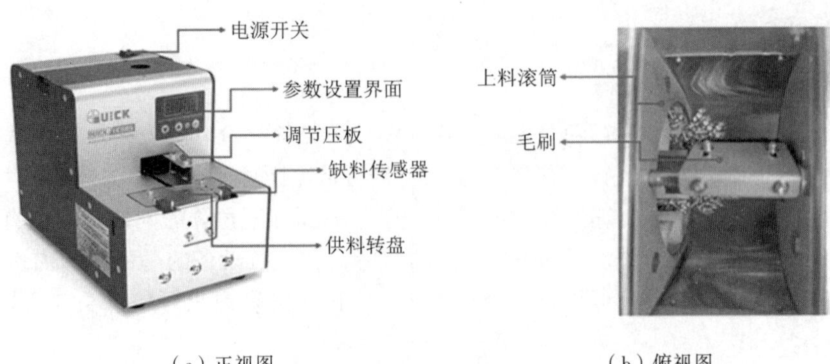

（a）正视图　　（b）俯视图

图 4-12　气吸式供料机

该供料机适用于 M0.8 ~ M5 且长度小于 20 mm 的螺丝。不同规格的供料机，平振的宽度和供料转盘的开口是不一样的。如图 4-13 所示，2.0 转盘适用于 M2 的螺丝。

图 4-13　供料机转盘示例

在供料机选型前，首先需要测量螺丝尺寸。一般选择 8 ~ 10 颗螺丝，用卡尺分别测量螺丝尺寸。最终，根据测量数值，选择对应规格的供料机。一般来说，根据所测螺丝尺寸中的最大数值来选择供料机尺寸。

本任务中，测量的螺丝尺寸接近 3 mm，则选用 M3 供料机。在实际作业过程中，如遇螺丝长度过长，则需定制相应长度的供料机。

2. **批头选型**

批头如图 4-14 所示，它是由装机直径、批头总长度、拆装螺丝直径、有效工作深度和头型五个因素共同决定的。

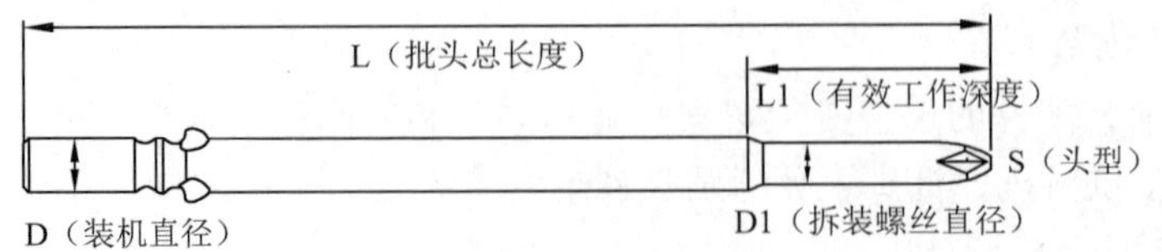

图 4-14　批头示例

（1）批头装机直径，根据锁付电批的品牌型号不同，电批安装夹头也不同，市面上常见的有 4 种电批安装夹头，继而衍生出 4 种批头尾部形状，如图 4-15 所示。

（2）批头总长度，是由机头的缓冲结构和有效工作深度来决定的，行业里通常使用总长度

120 mm，150 mm 的批头。本任务中，机头缓冲结构适用长度 150 mm 的批头。

（3）批头拆装螺丝直径，是由螺丝帽十字花纹路的尺寸来决定的，行业里通常有 2 mm、2.5 mm、3 mm、4 mm 四种十字花纹路。本任务中，螺丝的十字花纹路是 4 mm。

（4）批头有效工作深度，是由产品的螺丝孔深度和螺丝长度来决定，除非螺丝很长或者锁付深度很深的情况下才会定制此长度。批头伸出吸嘴长度，如图 4–16 所示。供料最长适用 18 mm 的螺丝，吸嘴的限位加吸付深度尺寸之和最多是 12 mm，所以批头有效工作深度一般是 30 mm。

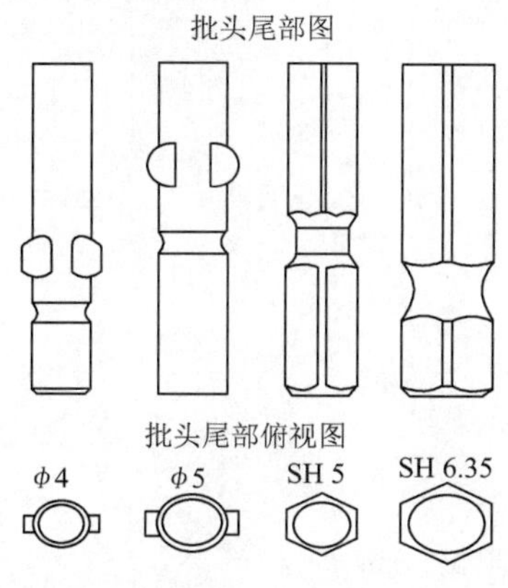

图 4–15 批头尾部示例

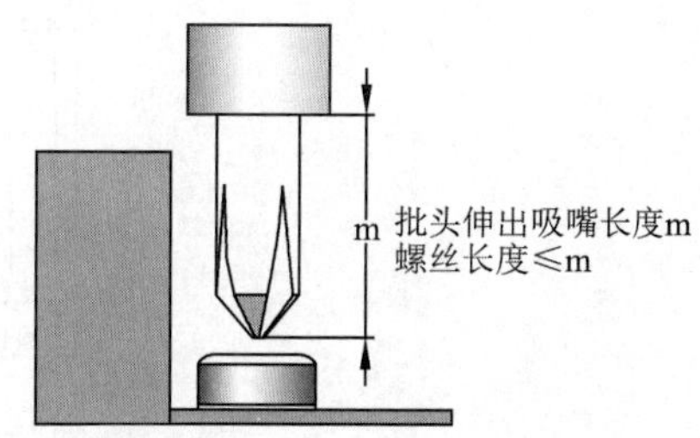

图 4–16 批头伸出吸嘴长度

（5）头型有 00#、0#、1#、2#四种，如图 4–17（a）所示。其中，0#最尖，2#最钝，本任务中，因为 2#头型的批头和螺丝更匹配，所以选 2#头型的批头。批头实物，如图 4–17（b）所示。

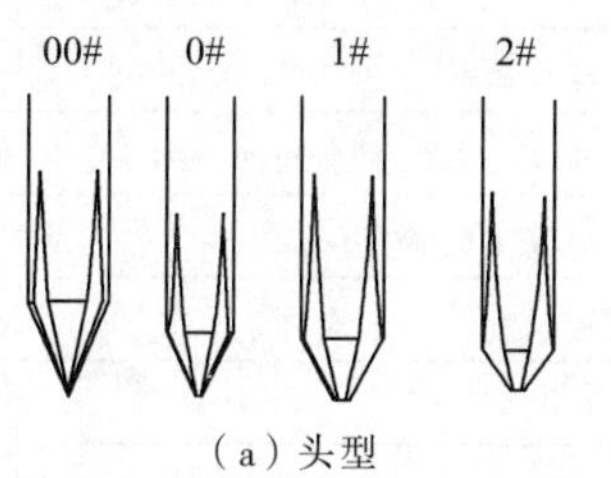

（a）头型

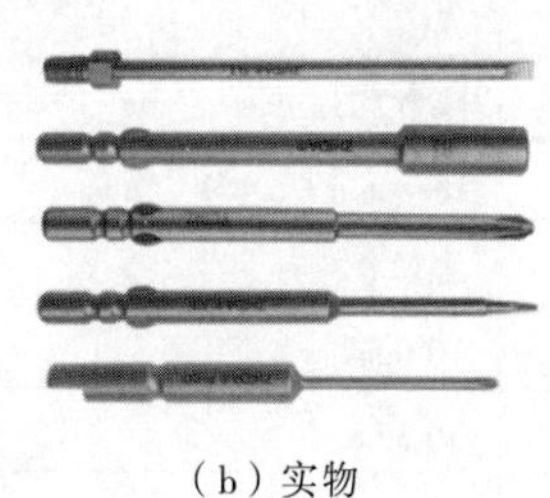

（b）实物

图 4–17 批头示例

3. 吸嘴选型

吸嘴是螺丝锁付中的关键配件，由螺纹反牙、真空腔、螺丝吸附定位孔组成，其截面图如图 4–18（a）和图 4–18（b）所示。

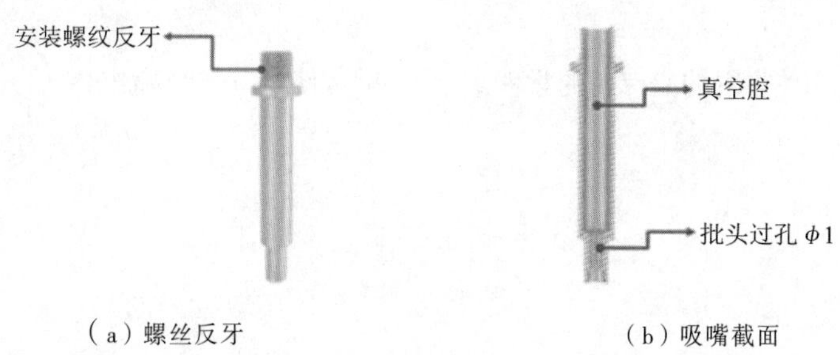

（a）螺丝反牙 （b）吸嘴截面

图 4–18 吸嘴示例

吸嘴参数由 ϕA、ϕB、C、D、F、ϕI、ϕH 组成，如图 4-19 所示。

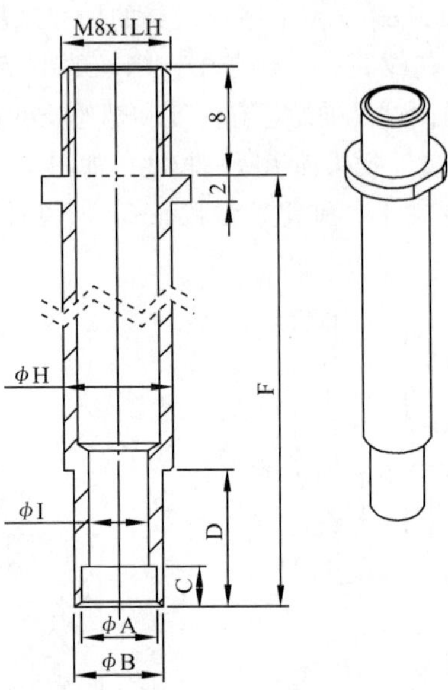

图 4-19　吸嘴参数（单位：mm）

吸嘴参数符号含义，见表 4-1。

表 4-1　吸嘴参数符号含义

尺　　寸	数　　据	详 细 表 述
吸取内径 ϕA	螺丝帽尺寸+0.1 mm	用于吸取螺丝帽头
吸取外径 ϕB	A+1 mm≤B≤A+4 mm	吸嘴前部外径，常做缩小处理，用于锁付避障
吸取深度 C	螺丝长度一半	螺丝吸入吸嘴头的深度
前端长度 D	10 mm	吸嘴头前端长度，用于避障
吸嘴总长 F	50 mm	吸嘴头总长
吸嘴外径 ϕH	8 mm	吸嘴头外径
吸嘴内径 ϕI	批头拆装螺丝直径+0.3 mm	吸嘴头内部通孔尺寸，批头从此孔内穿过

4. 吸嘴组件选型

吸嘴组件示例如图 4-20 所示，它的作用，一是配合不同直径的批头，选用不同型号的轴承，保证批头同心度；二是配合不同直径的批头，选用不同规格的铜套，防止漏气，保证吸嘴负压值。

在本任务中，因选用的是 ϕ5 的批头，所以配套使用 ϕ5 吸嘴组件。

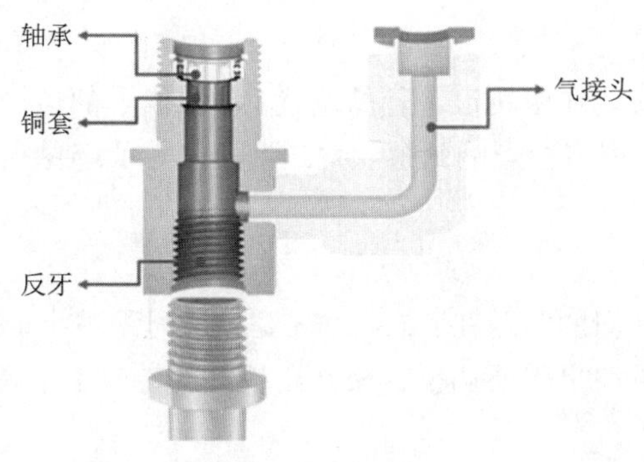

图 4-20 吸嘴组件

批头吸嘴的安装

技能 2 锁付配件安装

锁付配件确定后，需将批头、吸嘴、吸嘴组件安装至螺丝锁付机器人。根据螺丝锁付机器人结构，配件必须按照一定顺序安装，首先固定批头，再安装吸嘴组件，最后旋入吸嘴。具体分为以下三个步骤。

第一步，安装批头。向上拨动夹头，旋转批头，把批头的耳朵安装到夹头里。松开夹头，用手握住批头上下晃动，批头不会脱落即安装到位。

第二步，安装吸嘴组件。把吸嘴组件安装到抱箍内，拧紧 M4 螺丝，并将气管插入到管接头内。

第三步，安装吸嘴。用手把吸嘴反向旋入到吸嘴组件内，并用活动扳手拧紧。

在安装过程中需要注意以下事项：

（1）批头装机直径的部分，一定要进入吸嘴组件的轴承和铜套处，起到批头定位作用，并防止吸嘴漏气。

（2）批头头部不能超出吸嘴螺丝定位台阶，不然螺丝无法吸直；如果批头头部超出吸嘴螺丝定位台阶，用内六角扳手调节夹紧环。

（3）批头上下动作和吸嘴组件间无卡顿；如上下动作有卡顿，调节吸嘴安装滑块处螺丝。

（4）电批气缸下压后，批头露出吸嘴端面的尺寸一定要比螺丝长。如果电批气缸下压后，批头露出吸嘴端面的尺寸比螺丝短，用扳手调节油压缓冲器高度。

气吸供料机 ECS65 调试

技能 3 供料机调试

为了保证螺丝能快速排列到螺丝吸附点，通常需要调节毛刷、压板、转盘与直振接驳处、对射传感器以及振动参数，从而确保螺丝能稳定、不重叠、不间断、快速的排列到吸附点。供料机调试操作步骤如图 4-21 所示。

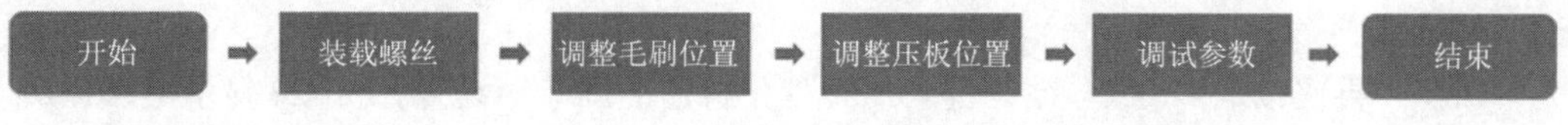

图 4-21 供料机调试操作步骤

1. **装载螺丝**

放入料仓中的螺丝数量不宜过多，不要超过螺丝输送轨道高度，否则会影响到螺丝的移动方向和传送速度。

2. 调整毛刷位置

将手持式螺丝机刷子安装在跟轨道平行的位置，确保刷子的边缘可以刷到螺丝的头部。如果刷子位置过高或者过低，都将会影响到螺丝输送速度。为了避免损坏机器，调试前必须拔出电源。

3. 调整压板位置

确保螺丝头部和压板之间的间距在 0.2 ~ 1 mm。如果间距过小，螺丝不能正常输送；如果间距过大，螺丝容易堆叠。如果需要调整，松开压板上的螺丝上下调整即可。

4. 调试参数

螺丝的传送速度因螺丝规格不同而有所不同，所以需要调试相关参数。

以下以 ECS 65 供料机为例，说明供料机参数调试相关作业事项。供料机调试界面如图 4-22 所示，通过“▲”“▼”按钮，面板会出现不同的英文字母，其中，A 代表走料速度调节；B 代表振动电机延时停止时间；C 代表延时停止上料电机时间；D 代表转盘分料速度调节；E 代表计数模式。以下说明供料机参数调试的操作步骤。

第一步，按下“▼”键 3 s，进入走料速度调节，面板显示数值“A-**”，此时按“▼”、“▲”键可以调整该数值。

图 4-22　供料机调试界面

第二步，再次按下“SET”键，进入“振动电机延时停止时间”设置。（0.0~6.0 s 显示为“B-00-60”），按“▼”“▲”键调整该时间数值大小，以每 0.5 s 为单位跳变，持续按住“▼”“▲”键可以快速调整数值。

第三步，再次按下“SET”键，进入“延时停止上料电机时间”设置，（0.0-8.0 s 显示为“C-00-80”），按“▼”“▲”键调整数值以每 0.5 s 为单位跳变，持续按住“▼”“▲”键可以快速调整数值。

第四步，再次按下“SET”键，进入“转盘分料速度调节”设置，（1-20 显示 D-01-20），按“▼”“▲”键调整数值大小，默认值；C-19，螺丝速度：82 PCS/Min。

第五步，按下“SET ”键，进入工作模式选择。面板显示 “E-*”，按“▲”键可以切换不同模式。E-0 ：表示选择模式 0（不计数模式）；E-1 ：表示选择模式 1（计数模式）。

第六步，再次按下“SET”键，返回工作模式。

作业 2　锁付程序调试

根据设备自由度，桌面型螺丝锁付机器人可分为：三轴、四轴、五轴和六轴机器人。其中，三轴是基础型；四轴是双平台，可节约取放产品的时间；五轴是双头协同锁付，可同时进行螺丝吸取和螺丝锁付，节约作业时间；六轴是多功能背靠背锁付，其是将四轴和五轴的功能结合于一身，作业更加高效。螺丝锁付机器人机型如图 4-23 所示。

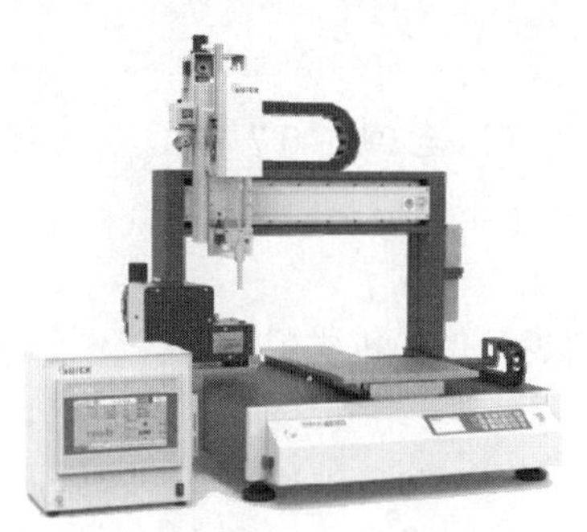

（a）三轴螺丝锁付机器人

（b）四轴螺丝锁付机器人

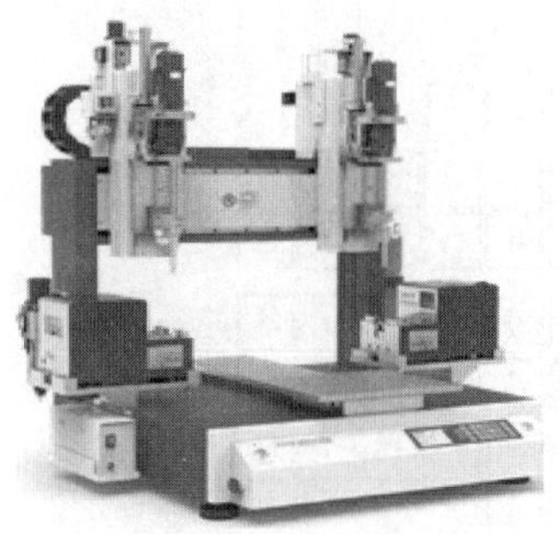

（c）五轴螺丝锁付机器人

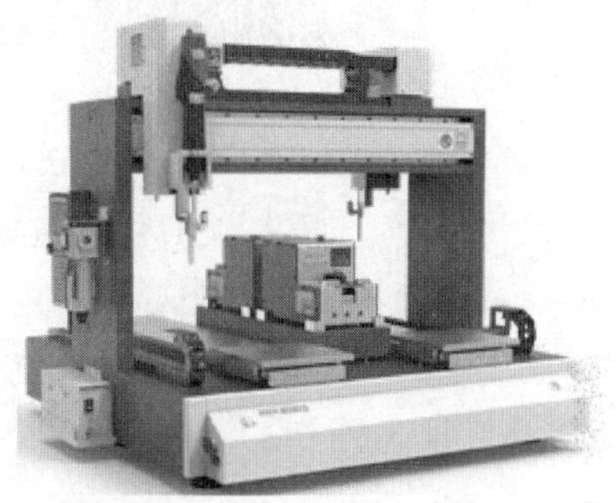

（d）六轴螺丝锁付机器人

图 4-23　螺丝锁付机器人机型

本作业以行业中常用的 ET 7483 KX 螺丝锁付机器人为例，阐述桌面型螺丝锁付机器人的组成结构。ET 7483 KX 主要由三轴运动控制平台、供料系统、智能电批控制器、示教盒等部分组成。该设备在常见的三轴螺丝锁付机器人的基础上，增加了 Mark 点示教功能，能够有效提升定位精确度。产品外观如图 4-24 所示。

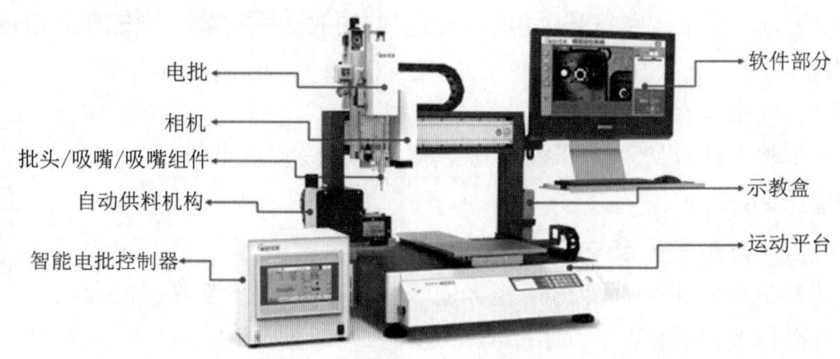

图 4-24　螺丝锁付机器人结构

在完成锁付配件选型并调试好供料机的情况下，进行锁付编程以及锁付控制器设置。

扫一扫

自动锁付开机自检选型

技能 1　锁付机器人开机检测

螺丝锁付机器人编程前，首先需要进行设备开机自检，确定设备是否正常运行。自检内容包括电气测试、供料机出料测试、I/O 口功能测试、治具匹配度测试。

1. 电气测试

打开油水分离器的手滑阀，设备通气。调整进气气压至 0.5 ~ 0.7 MPa。

打开设备开关、电批控制器的开关及电脑，设备正常复位。

2. 供料机出料测试

将螺丝加入供料器，若连续出料 20 颗以上，则表示供料机供料稳定。

3. I/O 口功能测试

检查输出端口是否正常：

在示教盒 I/O 测试界面，如图 4-25 所示，开关“F 1”-“1”，检查真空发生器是否工作；

输入输出测试

F1 Mout : 1 2 3 4 5

F2 Eout : 0+ 1 2 3 4 5 6 7 8

F3 Eout : 8+ 1 2 3 4 5 6 7 8

Min : 1 2 3 4 5 6 7 8

Ein : 0+ 1 2 3 4 5 6 7 8

Ein : 8+ 1 2 3 4 5 6 7 8

Kin : 1 2 3 4

图 4-25　示教盒 I/O 测试界面

开/关“F 1”-“2”，检查缓冲气缸是否带动批头上下运动；

开/关“F 1”-“3”，检查治具气缸是否带动压扣伸缩运动；

开/关“F 2”-“1”，检查电批是否正转；

开/关“F 2”-“4”，检查电批是否反转。

检查输入端口是否正常：

在示教盒 I/O 测试界面，在打开“F1”-“1”的同时，手动放一颗螺丝到吸嘴里，观察是否有 EIN 2 真空信号；

开启供料机，观察是否有 EIN 3 螺丝准备信号。

完成上述三步骤，锁付机器人开机检测完成，下面设置电批扭矩。

扫一扫

电批控制器参数设置

技能 2　电批扭矩设定

电批控制器需经过扭矩设定与校准，才能开始作业。

电批控制器开机后，主界面即为工作界面，界面显示螺丝参数、机台状态、锁付情况及操作按钮等信息，如图 4-26 所示。

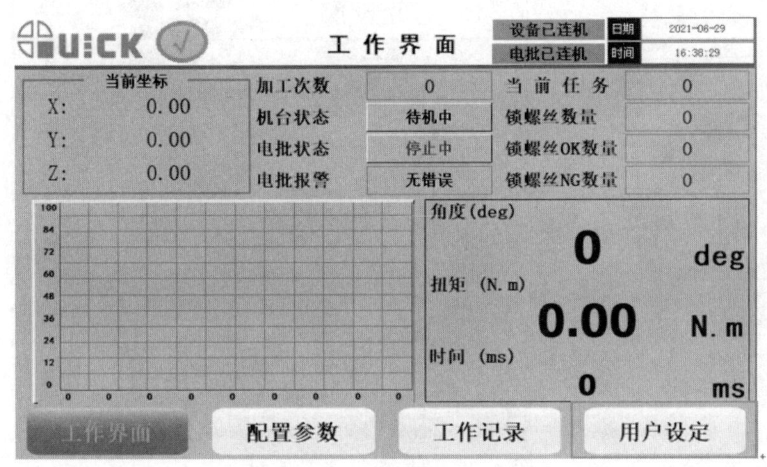

图 4-26　智能电批控制器工作界面

在图 4-26 中，单击“用户设定”按钮，选择“用户登入”，选择“用户身份”、输入密码后，单击“配置参数”按钮，再单击“程序设置”按钮进入“参数设置界面”。“参数设置界面”包括寻帽步骤、角度步骤、扭矩步骤、拧松设置，如图 4-27 所示。

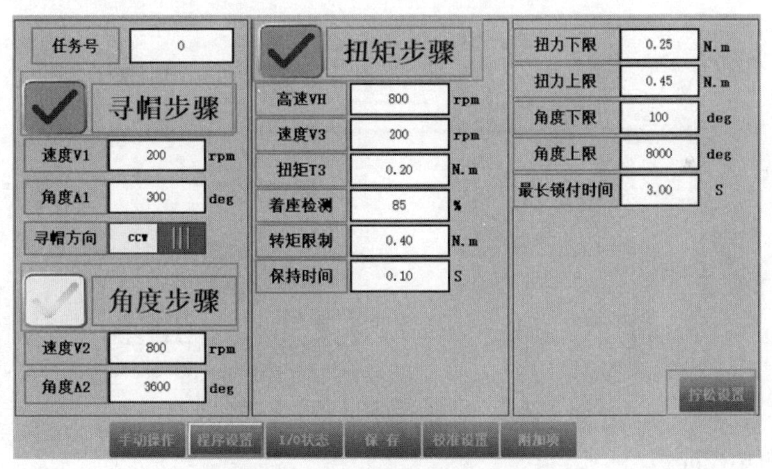

图 4-27　“参数设置”界面

（1）“寻帽步骤”中显示的速度和角度，意味着批头以 200 r/min 的速度，转 300°。寻帽步骤中显示的 CW 表示正转，CCW 表示反转。

（2）“角度步骤”中显示的速度和角度，意味着批头以 800 r/min 的速度，转 3 600°（约 10 转）。

（3）“扭矩步骤”中速度 VH/800 r/min，速度 V3/200 r/min，扭矩 T3/0.2 N.m，着座检测 85%，转矩限制 0.6 N · m，保持时间 0.1 s，意味着批头先以 800 r/min 的速度旋转，等扭矩达到设置扭矩 T 3 的 85%的时候，降低转速到 200 r/min，直到扭矩达到设置扭矩 T3 并保持 0.1 s 停止。

（4）“拧松设置”主要用于拆卸螺丝及扭矩检查测试，包括寻帽步骤和扭矩步骤相关参数的设置，设置界面如图 4-28 所示。

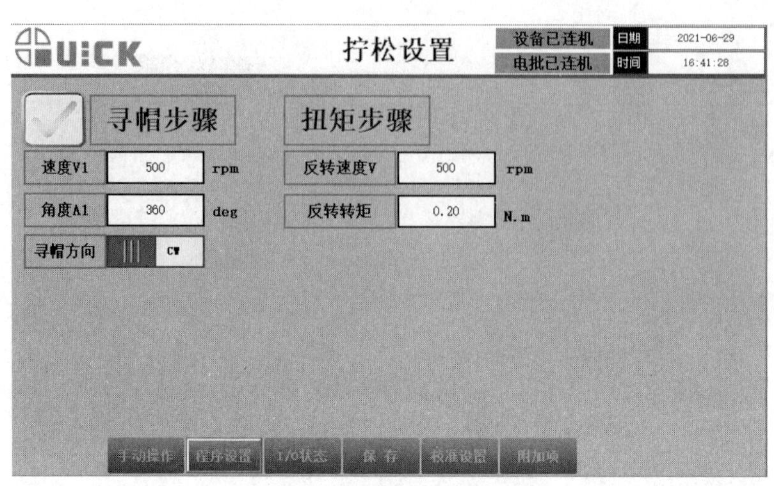

图 4–28 “拧松设置”界面

需要说明的是：螺丝锁付机器人在作业过程中，扭矩、角度超过上下限时，均会报警；此外，可以设置最长锁付时间，用于保护电机，防止电机长时间空转。同时，在锁付步骤中，最好是低速寻帽、快速旋入、低速拧紧，如图 4–29 所示。

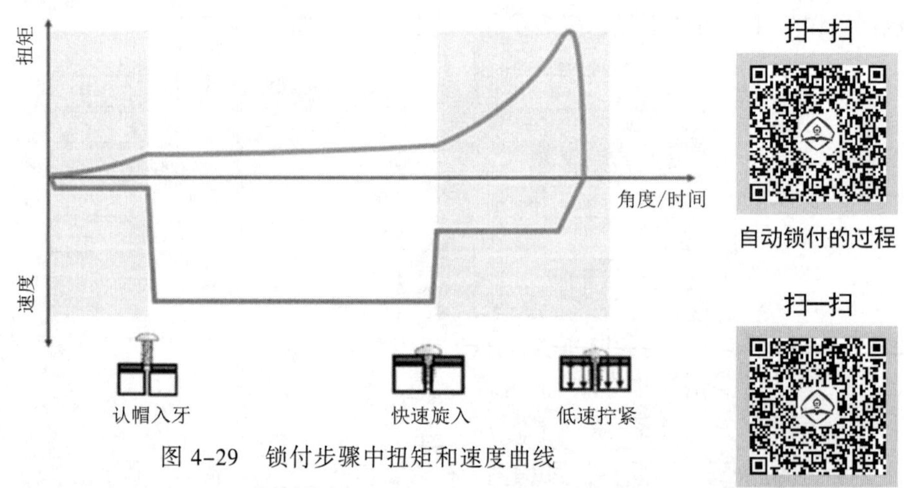

图 4–29 锁付步骤中扭矩和速度曲线

技能 3 电批扭矩校准

电批控制器参数设置完成后，需进行扭矩校准，以确保实际输出扭矩与设定扭矩相符。操作步骤如图 4–30 所示。

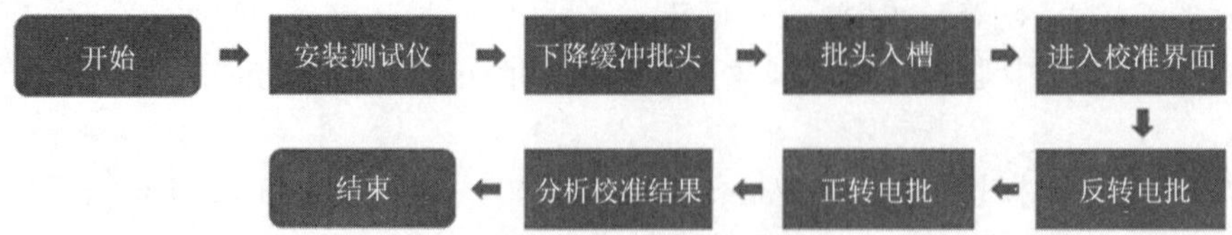

图 4–30 电批扭矩校准操作步骤

1. 安装测试仪

把缓冲测试头安装在扭矩测试仪的安装座上，用内六角扳手拧紧安装座上的 4 颗螺丝，固定缓冲测试头，再把扭矩测试仪放置在螺丝锁付机器人的 Y 轴托盘上，如图 4–31 所示。

图 4-31　放置扭矩测试仪

2. 缓冲批头下降

取出示教盒，按“4”功能测试，再按“F1”进入“I/O 口测试界面”，再按“2”，气缸会带动批头下降。

3. 批头入槽

按“ESC”键退回功能测试界面，移动坐标系，让批头插进缓冲测试头十字槽内，如图 4-32 所示。

图 4-32　批头入槽

4. 校准界面进入

在电批控制器的“参数设置”界面，单击“校准设置”按钮，进入“校准设置”界面，如图 4-33 所示。

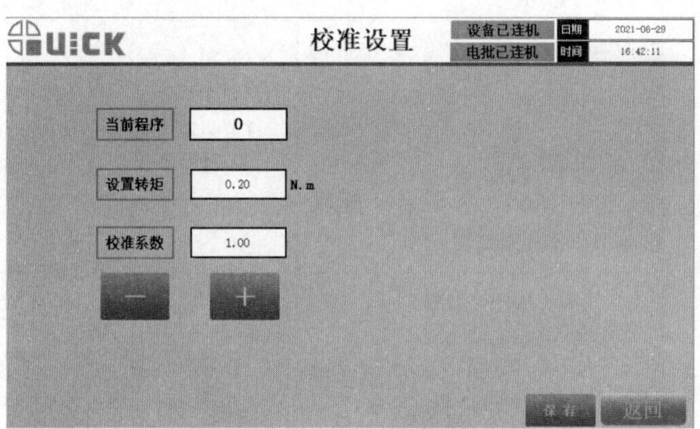

图 4-33　“校准设置”界面

5. 电批反转

先向下拨动电批控制器开关，电批反转，带动缓冲测试头拧松，大概反转 3 圈左右。

6. 测试仪复位

按“Power”键打开测试仪，按测试仪上“Reset”键复位，如图 4-34 所示。

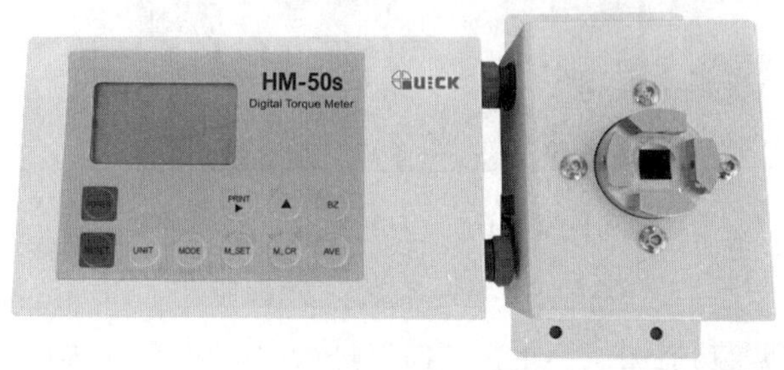

图 4-34　电源键和复位按钮

7. 电批正转

向上拨动电批控制器开关，电批正转，带动缓冲测试头拧紧，直到电批拧紧动作结束。

8. 校准结果分析

电批停止后，测试仪会显示扭矩峰值。如显示数值在电批控制器的允许误差范围内（T3 ± 5%），则校准成功。如测试仪显示值，超出电批控制器的允许误差范围，则按加减号键修改扭矩校准系数，保存后重复第（5）步。

作业 3　锁付品质检查

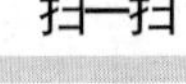

锁付质量检查

技能 1　锁付异常识别

螺丝锁付机器人机属于自动化设备，是多种部件组合而成。在使用过程中，可能会出现螺纹滑牙、螺丝头花、螺丝歪斜、螺丝浮锁等不良现象，见表 4-2。

表 4-2　锁付异常识别

不良名称	不 良 图 片	不 良 原 因
螺纹滑牙		（1）扭矩太大 （2）螺丝和螺丝孔、螺纹尺寸不匹配
螺丝头花		（1）批头打滑，卡不住螺丝槽或者批头选型错误 （2）锁付过程中 Z 轴坐标偏小或者下压力小 （3）螺丝材质偏软或者螺丝槽偏浅

续表

不良名称	不良图片	不良原因
螺丝歪斜		（1）螺丝没有垂直锁付 （2）批头晃动或者批头头型和螺丝不匹配 （3）螺丝寻帽入牙速度太快
螺丝浮锁		（1）扭矩设置太小 （2）锁付时间设置太短 （3）螺纹孔螺纹不合格，可能有杂质，摩擦力太大

技能 2　品质检查

锁付异常可通过目视观察、扭矩扳手检测、螺丝锁付机器人自检三种方法予以判断。

1. 目视观察

浮锁是可以通过目视判断的，如果螺丝帽没有与产品贴合即认为浮锁。

2. 扭矩扳手检测

滑牙需要借助扭矩扳手来检测。

（1）选择对应螺丝的测试头。

（2）扭矩扳手选择峰值，预置扭矩设置成相应的锁付扭矩。

（3）测试头插入螺丝帽内。顺时针旋转扭力扳手，此时扭力扳手上的数值会逐渐增大。

（4）若扭矩可以达到预置扭矩，扭矩扳手会有红灯闪烁提示并伴随有警报声，则认为锁付OK。

（5）若顺时针旋转半圈都不能达到预置扭矩，则认为锁付滑牙。

3. 螺丝锁付机器人自检

螺丝锁付机器人可以设置对应的参数来判断锁付结果是否异常，可设置参数有：锁付时间的范围、电批角度的范围、电批扭矩的范围。

正常锁螺丝，电批转速恒定，每一颗螺丝的长度大致相同，所以锁付的时间和电批旋转的角度大致相同。可以通过设置锁付的时间范围和电批的角度范围来判断该螺丝是否拧紧。如果低于最短锁付时间或者电批角度低于设置的角度下限，即认为浮锁；如果超过最长锁付时间或者电批角度高于设置的角度上限，即认为滑牙。

如果螺丝锁付过程中，最终显示的拧紧扭矩低于扭矩下限，则认为浮锁；超出扭矩上限，则认为滑牙。

任务要诀

吸嘴选型量螺帽，批头匹配适槽型；
平稳出钉不卡料，视觉定位精度高；
扭力点检要记牢，三步拧紧很重要；
报警异常要重视，排除问题再制造；
作业路径需规划，自动锁付效率高。

工作评价

序号	评价维度		权重	评价情况		
				自我评价	小组评价	教师评价
1	技术性	（1）能正确选择合适的供料机、批头、吸嘴、吸嘴组件 （2）能按规范安装批头、吸嘴、吸嘴组件 （3）会调试供料机、进行智能电批参数设置及扭矩校准、进行螺丝锁付机器人	0.3			
2	质量性	（4）锁付品质缺陷在目标值内 （5）品质意识内化于作业环节	0.2			
3	规范性	（6）按照作业指导书操作 （7）按照行业技术标准执行	0.2			
4	经济性	（8）作业效率最高 （9）材料使用最少	0.05			
5	环保性	（10）电能消耗最低	0.05			
6	创新性	（11）工艺优化有效提升作业效率与品质 （12）有效降低材料损耗	0.1			
7	职业性	（13）敬业，遵守车间工作纪律 （14）协作，按质按量完成工作	0.1			

参 考 文 献

[1] 王毅.电子装联操作工应会技术基础[M].北京：电子工业出版社，2016.

[2] 钟宏基.电子装联操作工应知技术基础[M].北京：电子工业出版社，2016.

[3] 邱华盛.现代电子装联环境及物料管理[M].北京：电子工业出版社，2016.

[4] 刘哲.现代电子装联工艺学[M].北京：电子工业出版社，2016.

[5] 樊融融.现代电子装联工艺过程控制[M].北京：电子工业出版社，2010.

[6] 樊融融.现代电子装联工艺缺陷及典型故障100例[M].北京：电子工业出版社，2010.

[7] 李朝林.SMT设备维护[M].天津：天津大学出版社，2009.